职场礼仪

主　编　薛　菲　樊　奇　王　懿
副主编　崔娜娜　归　虹

北京理工大学出版社
BEIJING INSTITUTE OF TECHNOLOGY PRESS

图书在版编目（CIP）数据

职场礼仪 / 薛菲，樊奇，王懿主编. --北京：北
京理工大学出版社，2023.5
ISBN 978-7-5763-2169-2

Ⅰ. ①职… Ⅱ. ①薛… ②樊… ③王… Ⅲ. ①心理交
往-礼仪-高等学校-教材 Ⅳ. ①C912.12

中国国家版本馆 CIP 数据核字（2023）第 041644 号

出版发行 / 北京理工大学出版社有限责任公司		
社　　址 / 北京市海淀区中关村南大街 5 号		
邮　　编 / 100081		
电　　话 / （010）68914775（总编室）		
（010）82562903（教材售后服务热线）		
（010）68944723（其他图书服务热线）		
网　　址 / http://www.bitpress.com.cn		
经　　销 / 全国各地新华书店		
印　　刷 / 河北盛世彩捷印刷有限公司		
开　　本 / 787 毫米×1092 毫米　1/16		
印　　张 / 16	责任编辑 / 李慧智
字　　数 / 294 千字	文案编辑 / 李慧智
版　　次 / 2023 年 5 月第 1 版　2023 年 5 月第 1 次印刷	责任校对 / 周瑞红
定　　价 / 82.00 元	责任印制 / 施胜娟

前　言

一、本书的编写背景

《中国共产党第二十次全国代表大会报告》指出，教育是国之大计、党之大计，要办好人民满意的教育，而育人的根本在于立德。为进一步全面贯彻党的教育方针，落实立德树人根本任务，培养德智体美劳全面发展的社会主义建设者和接班人。应加快建设高质量教育体系，发展素质教育，促进教育公平。

针对新商科人才的培养，应充分利用信息化教学手段，探索教与学的新范式，通过探究新型教学模式激发学生的创造力，培养具有中华文化底蕴、中国特色社会主义共同理想的合格建设者和可靠接班人。同时，应注重培养学生具备很强的数字化学习能力、自我发展动力以及终身可持续发展能力。

传统的教材开发模式和展现形式已无法满足新商科人才培养的高质量发展要求。新型教材应注重新知识、新技术和新工艺的融入；应方便学习者开展移动学习、碎片化学习、线上线下混合学习模式；应注重校企"双元"教材开发，加大企业资源的引进力度，创新任务实施内容，要能满足提升学生素养和技能训练的需求。

《职场礼仪》新型活页式教材正是基于此背景进行编写的。编写组将在教材开发领域进行积极的探索和教学实践，为新商科人才的培养提供更多优秀的教学载体。

二、本书的主要内容

本书中的每一个项目都有具体的项目目标，围绕知识目标、能力目标、素养目标，在知识传授过程中，春风化雨、润物无声地贯彻"价值塑造、能力培养、知识传授"三位一体的教学育人理念。本书的主要内容和项目目标见下表：

学习内容	知识目标	能力目标	素养目标	学时	
				理论	实践
项目一　认识礼仪	了解礼仪的起源和发展；掌握礼仪的特点和原则	了解礼仪的起源和发展阶段；能通过学习礼仪的特点和原则，指导礼仪实践	提升对中国传统礼仪文化的认知，提升文化自信；弘扬"礼仪之邦"的传统美德，有礼则安，无礼则危	2	0

学习内容	知识目标	能力目标	素养目标	学时	
				理论	实践
项目二 职场仪表礼仪	了解第一印象；掌握职场仪容；掌握职场穿搭；掌握职场配饰	能够深刻理解礼仪和形象的关系，重视第一印象的塑造；能够了解自身的皮肤特点，正确护肤；避免化妆雷区，塑造成功的职业妆容；能够掌握职场男女穿搭的原则和要领；能够掌握配饰的搭配技巧	塑造良好的个人职业形象；提升内在礼仪素养；提升个人气质和审美能力	2	2
项目三 职场仪态礼仪	掌握社交表情包；掌握体态礼仪；掌握特殊的肢体语言；掌握礼仪规范动作	能够灵活运用宝贵的社交表情包——目光和微笑礼仪；能够灵活掌握礼仪规范动作，在日常交往中规范使用体态礼仪；掌握如何在社交场合中正确使用特殊肢体语言	培养学生养成微笑习惯；培养学生塑造良好体态，养成高雅气质；培养学生注重隐形的身体符号，杜绝失礼微动作	2	2
项目四 交往礼仪	掌握称呼礼仪；掌握介绍礼仪；掌握相见礼仪；掌握名片礼仪；掌握交谈礼仪	能够灵活运用问候与称呼礼仪；能够灵活掌握自我介绍和介绍他人的具体方法；能够灵活掌握会面礼仪；能够掌握名片交换的时机和技巧；能够克服语言沟通障碍，掌握交谈礼仪技巧	培养学生塑造良好的第一印象；塑造良好的职业形象；培养学生掌握职场中的交往礼仪和语言表达能力；能够提升学生的人际交往能力	2	2
项目五 位次排列礼仪	了解位次排列的原则和方法；掌握行进引领礼仪；掌握乘车座次礼仪；掌握会务席位礼仪；掌握宴会席位礼仪	能够灵活运用行进引领中、乘车、商务会务、商务宴请中的位次排列原则和方法	培养学生的组织协调能力；提高个人文明修养和礼仪素养，增强文化自信	2	2
项目六 商务接待与商务拜访	掌握通联礼仪；掌握商务接待；掌握商务拜访；掌握商务馈赠	掌握电话、手机、微信、邮件沟通礼仪及技巧；能够灵活掌握商务接待的要点；能够灵活掌握拜访礼仪的要点；能够掌握商务馈赠礼仪	培养学生塑造良好的第一印象；培养学生注重细节，提升待客之道；能够提升学生的商务社交能力	2	2

续表

学习内容	知识目标	能力目标	素养目标	学时 理论	学时 实践
项目七　商务宴会礼仪	了解宴会邀请与准备；掌握中餐宴请礼仪；掌握西餐宴请礼仪	能够掌握菜肴搭配合适酒水的方法；掌握中餐点菜的方法、酒水的搭配、中餐餐具的使用方法以及用餐礼仪；掌握中餐餐具的使用方法和用餐礼仪；掌握西餐餐具的使用方法；掌握西餐的上菜顺序和用餐礼仪	培养学生注重中国餐饮文化，提升个人修养，提升文化自信；培养学生掌握西餐礼仪，成功驾驭跨文化交际	2	2
项目八　求职面试礼仪	掌握求职前的准备；掌握面试中的礼仪	能够了解面试前的各项准备工作；能够塑造符合个人气质的职业形象；能够灵活掌握面试问答的技巧	培养学生树立正确的职业价值观；培养学生的语言表达和沟通能力	2	2
考核	期末考试			2	0
合计				32	

三、本书的编写特点

目前我国已出版的礼仪相关教材较多，但大多数教材都是以理论阐述为主，采用传统模式封闭装订，实操训练内容较少。与同类教材比较，《职场礼仪》新型活页式教材具备以下几个明显的特点：

1."数字资源"丰富。学习者可以通过扫描二维码查看微课短视频、知识拓展、好文分享，形成更多可听、可视、可练、可互动的数字化资源。

2."课程思政"渗透。本课程是一门天然的社会科学课程，每一个项目里都涵盖了素养目标，通过构建"转识为智"创新型教学模式，能将知识传授与价值引领有机融合，实现课程对学生思想进行"随风潜入夜，润物细无声"的教育作用，进而有效提升学生的综合素养，较好地实现课程思政的教学目标。

3."任务驱动式"融入。以典型工作任务为载体，以学生为中心，以能力培养为本位，注重理论够用、技能训练为主的编写思路。

4."校企双元"合作。基于现实的商务场景，将企业真实任务转化为教学案例和技能训练任务，展现企业新业态、新水平，培养学生的综合职业素养。

5. "活页式装订"使用。方便学习者取出或加入内容,交学习任务工单、夹笔记十分便捷。

四、本书的使用建议

本书共分八个项目,其中项目一主要介绍了礼仪的理论知识,使学习者对中国传统礼仪文化有一个较全面的认识;项目二~项目八涵盖了职场礼仪必须掌握的理论知识点和实操训练内容,结合学生的认知规律,设计合理的项目顺序。建议教师在教授时和学习者严格按照项目和任务的顺序进行。

本课程建议开设 32 学时,具体的学时分配可参见本书的主要内容介绍表格。

本书的任务实施建议学习者以团队方式进行,每个团队人数建议 4~6 人,以便进行充分的讨论,激发团队智慧,更好地完成任务。部分任务还有现场展示、汇报等环节,重点培养学生的语言表达能力和团队协作能力。

五、本书的编写团队

本书由薛菲主持编写和统稿,樊奇、王懿负责内容选定,崔娜娜、归虹担任副主编,负责资料收集,并参与编写。另外,特别感谢苏州日航酒店的企业兼职教师对本书的编写提出了诸多建设性意见,并提供了许多来自一线的案例。

六、致谢

本书在编写过程中参阅了大量的书籍资料和网络资料,作者已尽可能在书中相应位置和参考文献中列出,在此对它们的作者表示感谢!对于因疏漏没有列出或因网络引用出处不详之处,在此表示深深的歉意。

由于编者水平有限,书中难免有不妥之处,敬请广大读者批评指正。针对全书内容选取、编排和活页式教材使用等方面有好的建议请发邮件至 605474707@qq.com。

编　者

目　　录

项目一　认识礼仪

任务 1.1　了解礼仪的起源和发展

知识目标

- 了解中国礼仪的起源和发展；
- 掌握现代礼仪的特点。

能力目标

- 能够了解中国礼仪的整个发展过程；
- 能够掌握中国历史上礼仪代表人物和著作。

素养目标

- 能够提升个人礼仪文化素养；
- 弘扬"礼仪之邦"的传统美德，认识到"不学礼，无以立"。

能量小贴士

不学礼，无以立。——孔子

小案例

案例一：

孟子休妻

孟子，名轲，字子舆。战国时期著名的思想家、政治家和教育家，是孔子之后儒家学派的主要代表人物，后世尊奉孟子为仅次于孔子的"亚圣"。

孟子的哲学思想、教育思想为后世留下了宝贵的精神遗产，而他的这些成就与他从小受到的孟母的教育是分不开的。孟母是一位慈爱、智慧，同时又严格的母亲。在孟子的幼年时期，就有"孟母三迁""孟母断织"等故事，为后世树立了教子的榜样。就算到孟子娶妻成家后，孟母也不忘在日常生活中经常启发孟子，使他的人格更加完善，品德更加高尚。

有一天，孟子的妻子独自在卧室休息，因为没有其他人，她便放松地将双腿叉开坐着。这时，孟子走了进来，一向守礼好德的孟子看到妻子这样坐着，非常生气。

原来，在古时双腿伸开而坐是种傲慢无礼的表现，人们称这种动作为"箕踞"，就是形容这种坐姿看起来像箕一样。孟子走出房间，一见到孟母就说："我要把妻子休回娘家去。"孟母问道："这是为什么？"孟子说："她既不懂礼貌，又没有仪态。"孟母问："因为什么而认为她没礼貌呢？""她双腿叉开坐着，箕踞向人，"孟子回答说，"所以要休她。""那你又是如何知道的呢？"孟母又问，孟子便将刚才的事情告诉了孟母。

孟母听完，对他说："那么没礼貌的人应该是你，而不是你妻子。难道你忘了《礼记》上是怎么教人的？进屋前，要先问一下里面是谁；上厅堂时，要高声说话，避免看见别人的隐私；进房后，眼睛应向下看。你想想，卧室是休息的地方，你不出声，不低头就闯了进去，已经失了礼，怎么能责备别人没礼貌呢？没礼貌的人是你自己呀！"听了这番话，孟子恍然大悟，心服口服，再也不提休妻的事了。

礼的精神实质是谦恭敬重，而社会上存在着许多不懂礼貌、傲慢狂妄的人，究其原因在于他们总是以自我为中心，不懂得考虑他人的感受。他们不懂得，人和人之间相互谦让、相互尊重，是一个人的基本文明素养，也是一个人的本分，更是一个人的风度。

案例二：

中国传统礼制中的伦理道德强调三个方面的内容：一是尊老爱幼；二是忠君孝亲，遵守尊卑贵贱的等级制度；三是维护人伦关系。家庭美德的核心是尊老爱幼，礼仪是表达一个人家庭美德的窗口。下面的例子就是一个有力的佐证。

林心大学毕业后到一家企业应聘。

面试经理问："你在家里对你的父母说过'谢谢'吗？"

林心回答："没有。"

面试经理说："那你今天回去跟你父母说声'谢谢'，明天就可以来上班了。否则，你就别再来了。"

林心回到家后，看到父亲正在厨房做晚饭。她悄悄走进自己的房间，对着镜子反复练习："爸爸，您辛苦了，谢谢您！"

其实，林心早就想对父亲说这句话了，因为她清楚父亲抚养她长大是多么不容易：自己两岁时母亲去世，父亲为了不使自己受委屈，没有再婚，小心翼翼地呵护自己长大成人。她心里一直想对父亲说一声"谢谢"，但就是张不开嘴。林心暗下决心：今天是个机会，必须说出来！就在此时，父亲喊道："林心，吃饭了！"

林心坐在饭桌前，低着头，脸憋得通红，半天才轻声说出："爸爸，您辛苦了，谢谢您！"可是说完之后，屋内一片寂静。林心纳闷，偷偷抬眼一看，只见父亲泪流满面。这是欣喜之泪，这是慰藉之泪，这是企盼了20年的话带来的感动之泪。此时，林心才意识到：自己这句话说得太迟了。

第二天，林心高高兴兴地上班去了，面试经理看到林心轻松的神情，知道她已经有所体会，什么都没有问就把林心带到了工作岗位上。

思考

（1）本案例给了你什么启发？

（2）你认为每个人应该从哪些方面加强自己的修养？

知识准备

中国是一个拥有五千年历史的文明古国，素有"礼仪之邦"的美誉，礼仪文化源远流长。中国人也以其彬彬有礼的风貌而著称于世。

在古代典籍当中，礼有三层含义，分别是政治制度、礼貌礼节和礼物；仪也有三层含义，分别是容貌、外表，仪式礼节，准则和法度。礼仪连用始于西周时期《诗经》当中的《小雅·楚茨》："献酬交错，礼仪卒度。"

礼仪作为中华民族文化的基础，有着悠久的形成和发展历史，经历了一个从无到有、从低级到高级、从零散到完整的过程。中国的礼仪发展主要经历了六个阶段：孕育阶段、形成阶段、变革阶段、鼎盛时期、衰落时期、现代礼仪时期。

一、孕育阶段

礼的产生，可以追溯到远古时代，至今大约有一百多万年的历史。公元前5万年至公元前22世纪是礼仪的孕育阶段。自从有了人，有了人与自然的关系，有了人与人之间的交往，礼便产生和发展起来。首先为维持自然"人伦秩序"而产生礼。在群体生活中，男女有别，老少有异。这既是一种天然的人伦秩序，

礼仪的
孕育阶段

又是一种需要被所有成员共同认定、保证和维护的社会秩序。例如，在刀耕火种时代，人类已知道应有的礼貌。那时，人类的祖先以狩猎为生，世界对他们来说充满着危险，因此，当不同部落的人相遇时，如果双方都怀着善意，便伸出一只手来，手心向前，向对方表示自己手中没有石头或其他武器，走近之后，两人互相摸摸右手，以示友好。这一源于安全交往需要的动作沿袭下来，便成为今天人们表示友好的握手礼。礼的产生除了用作巩固社会组织和加强部落之间联系的手段之外，还源于"止欲制乱"的作用。

其次，礼起源于原始的宗教祭祀活动。《说文解字》曰："礼，履也。所以事神、致福也。"就是说，"礼"是祈福祭神的一种仪式。由于原始人类认识自然的能力很低，面对变幻莫测的自然现象和无法驾驭的自然力量，他们往往迷惑不解，从而对自然界充满了神秘莫测感和恐惧敬畏感，于是便产生了"万物有灵"的原始宗教观念。在这种观念的影响下，原始人开始一厢情愿地用原始宗教仪式等手段来影响神灵。祭祀活动就是人类表达这种崇拜之意而举行的仪式，继而人类的自然崇拜逐渐扩展到人类自身，开始转移到那些在与自然界斗争中创造了奇迹、做出贡献的"英雄"身上，如中国古代的"教民农桑的伏羲氏""尝百草的神农氏""治水有功的大禹"等。他们都成了人类心目中的神，理所当然地受到了人类的祭祀、赞颂等。随后，祖先也成为人类崇拜的对象。于是原始人虔诚地向这些"神灵"和"祖先"打恭跪拜，表示崇拜、祈祷致福。祭祀活动日益频繁，原始人的"礼"便产生了。

二、形成阶段

礼仪的
形成时期

公元前 21 世纪至公元前 771 年，原始社会开始进入新石器时代，精致打磨的石器取代了旧石器时代，笨重的石器和木棍同时使农业、畜牧业、手工业生产登上了一个新台阶。随着人们生活水平以及生产力的提高，劳动者拥有了更多的剩余消费品，进而产生了剥削，最终不可避免地诞生了阶级，人类开始向奴隶制社会挺进。

夏、商、周三代是我国礼仪的形成期。这一时期，我国进入奴隶制社会，生产力比原始社会大大提高，社会财富越来越丰富，社会文化也有了长足的发展。奴隶主阶级为了巩固国家的统治，维护自身的利益，制定了较为完备的王朝礼乐制度，提出了许多重要的礼仪概念，确立了影响后世的礼仪文化传统。

《论语·为政》记载："殷因于夏礼，所损益，可知也；周因于殷礼，所损益，可知也；其或继周者，虽百世，可知也。"诚如孔子所言，后代的礼通常是对前代的礼的继承和发展，而在悠久的中国古代历史中，"周礼"具有深远的影响力。

　　周礼不仅是指人们的行为规范，还包括国家政治、经济、军事、外交等各个方面的典章制度。礼具有法律的性质和作用，从个人到国家的一切行动都必须纳入它的轨道，以体现"上下有义，贵贱有分，长幼有序，贫富有度"的阶级社会原则，从而维护周代的王朝统治。《周礼》是第一部有关礼的专著，它与后世编撰的《仪礼》和《礼记》一起，合称"三礼"，它们是涵盖各种礼仪制度的百科全书。

　　周礼包罗万象，极其庞杂，按照性质和内容划分，可分为五大类，称为"五礼"，分别指吉礼、凶礼、军礼、宾礼和嘉礼。吉礼是与祭祀有关的礼仪，包括祭天、祭地、祭人鬼，以此祈福，所谓"礼莫重于祭"，在五礼之中，吉礼是最重要的。凶礼是与丧葬灾变有关的礼仪，比如对不同关系的人的死亡，须表示出不同程度的哀悼，或某国遭遇自然灾害，天子和群臣须派遣使者表示慰问等。军礼是与军事有关的礼仪，包括征伐、狩猎、铨校户口、营建工程以及勘定疆界等。宾礼是与外交有关的礼仪，比如诸侯朝见天子、天子聘于诸侯，或者诸侯会盟等。嘉礼则是用来协调人际关系、沟通感情的礼仪，它体现在各种喜庆活动中，主要包括饮食、婚冠、宾射、飨燕、赈膰、庆贺六个方面的内容。

　　周礼便是以方方面面的礼仪形式来组织王朝的社会生活，确认人们的等级身份的，它的内容和形式与五帝、夏、商时代一脉相承，"五礼"更是成为典章制度而为后世继承，一直延续到 20 世纪初。

三、变革阶段

礼仪的
变革时期

　　公元前 770 年至公元前 221 年是礼仪的变革时期。公元前 770 年，周平王东迁洛邑，史称东周。这一时期，经济形态发生变化，土地国有制瓦解，土地私有制产生，同时各诸侯国势力增强，东周王朝无力以传统的礼乐制度对之加以约束，于是出现了"礼崩乐坏"的局面。

　　春秋战国时期是我国奴隶社会向封建社会转型的时期。春秋战国时代，士阶层异军突起，学术界百家争鸣，相继涌现出孔子、孟子、荀子等思想巨人，发展和革新了礼仪理论。以孔子为代表的儒家学者系统地研究了礼的起源、本质和功能，全面地诠释了与等级社会配套的礼仪规范和道德义务。儒家学者认为社会纷乱源自物欲横流，名分紊乱则需要匡正时弊，必须重建周礼的权威。

　　孔子（公元前 551—公元前 479 年）是中国古代的大思想家、大教育家，他首开私人讲学之风，打破了贵族垄断教育的局面。由他编订的《仪礼》，详细记录了战国以前贵族生活中的各种礼节仪式。《仪礼》《周礼》与孔门后学编的

《礼记》，合称"三礼"，是中国古代最早、最重要的礼仪著作。孔子非常推崇周代的礼制，认为"克己复礼为仁"，要求以周礼来约束人的一切行为，"非礼勿视，非礼勿听，非礼勿言，非礼勿动"（《论语·颜渊》）。孔子对于礼的观点具有保守倾向，而在春秋战国时代，旧式的具有法律性质的礼不再符合时代的需要，随着各国制定成文法，礼当中关于典章制度的内容越来越少，更多地表现为道德原则，以及体现道德原则的繁复形式。总之，孔子较系统地阐述了礼及礼仪的本质与功能，把礼仪理论提高到了一个新的高度。

孟子（约公元前 372—前 289 年）是战国时期儒家学派的主要代表人物。在政治思想上，孟子把孔子的"仁学"思想加以发展，提出了"王道""仁政"的学说和"民贵君轻"说，主张"以德服人"；在道德修养方面，他主张"舍生而取义"，讲究"修身"和培养"浩然之气"等。

荀子（约公元前 298—前 238 年）是战国末期的大思想家。他主张"隆礼""重法"，提倡礼法并重。他说："礼者，贵贱有等，长幼有差，贫富轻重皆有称者也。"荀子还指出："礼之于正国也，犹衡之于轻重也，绳墨之于曲直也。"

四、鼎盛时期

礼仪的
鼎盛时期

公元前 221—1796 年是礼仪发展的鼎盛时期。公元前 221 年，秦始皇统一六国，建立中国历史上第一个中央集权的封建王朝。他提出的行同伦、车同轨、书同文，影响深远。"行同伦"，其所代表的是衣食住行、风俗习惯和信仰等的相对统一，为构建你中有我、我中有你的共同体提供良好的氛围。"车同轨"，是用发展辩证的观点来看，实际上是政治的一种延续，表现为交通之政的统一，也可以泛指一切以交通为代表的政治上的统一。"书同文"指的是国家语言文字达到统一，才能推动秦王朝政治、经济、文化的发展，更重要的是，这一文字统一局面横亘了整部中国史。因此，可以说秦始皇奠定了中国两千余年政治制度的基本格局。秦朝以法治国，严刑峻法施行过度，二世而亡；汉初采用黄老学说，讲求无为，与民休息，有利于国家的经济恢复，却不利于王朝的集权统治。汉武帝时代，封建君主专制制度进一步理论化、系统化。

到了西汉，出现了伟大的思想家董仲舒，他提出"唯天子受命于天，天下受命于天子"的"天人感应学"说，使皇权神圣化，以礼治国成为中国历代封建王朝的核心统治政策，并将"三纲五常"定为儒家礼仪的核心，"三纲"即君为臣纲、父为子纲、夫为妻纲，"五常"即仁、义、礼、智、信，使封建社会的人伦道德关系更加规范化。董仲舒的学说"罢黜百家，独尊儒术"被皇权采纳后，儒家礼教推行全国，对后世产生了巨大的影响，于是奠定了中国几千年以来儒家思想一直占据主导的基础。

到了汉代，有一本集上古礼仪之大成的《礼记》问世，这本书涵盖了从奴隶社会到封建社会所有的礼仪知识，包括对典章制度进行了全面的归纳总结，是封建时代礼仪的主要源泉。

宋代时，出现了以儒家思想为基础，兼容道学、佛学思想的理学，程颢、程颐两兄弟（世称"二程"）和朱熹为其主要代表。"二程"认为："父子君臣，天下之定理，无所逃于天地间。"朱熹进一步指出："仁莫大于父子，义莫大于君臣，是谓三纲之要，五常之本。人伦天理之至，无所逃于天地间。"三纲五常作为封建社会的道德准则，其历史地位和影响毋庸置疑。一方面对封建时代的传统社会和专制政治起到了稳定作用，在一定程度上维持了社会的安定和谐；另一方面它束缚了人们的思想和行动，压抑了古代人们的自然欲求。

从积极的方面看，礼限定了社会成员的地位、责任和义务，使之举止有度，行动有节，从而保障了社会的和谐和国家的安定。从消极的方面看，礼压抑了人的主体意识，使个体丧失主动性和创造力，妨碍了人际间的平等交往、人性的自由舒张和思想的蓬勃发展。在新时期，我们应该更加辩证地看待三纲五常，取其精华，去其糟粕，不断发展，不断创新。

五、衰落时期

1796—1911 年是礼仪的衰落时期。从秦汉时代到清朝末年是我国封建礼仪逐渐强化并走向衰弱的时期。随着满族的入关，开始接受汉制，礼仪变得越来越烦琐、死板。例如清代的品官相见礼，当品级低者向品级高者行拜礼时，动辄一跪三叩，重则三跪九叩（《大清会典》）。清代后期，清王朝政权腐败，民不聊生，古代礼仪盛极而衰。而伴随着西学东渐，一些西方礼仪传入中国，随着洋务运动的兴起，又受到西方礼仪的影响，就出现了一个大杂烩时期，这时中国就进入了礼仪的衰落时期。

衰落时期和
现代礼仪
时期

六、现代礼仪时期

1911 年，清王朝土崩瓦解，清末第一次鸦片战争至中华人民共和国成立的一百多年，是中国人民面对外来侵略与内部危机图强自兴、艰苦奋斗的近代化历程，也是最终推翻封建帝制、驱赶外敌，不断建立新文化的过程。传统礼仪在这新旧对峙中逐渐吸收了一些西方的礼仪思想和国际上通用的礼仪形式。1912 年 1 月 1 日，孙中山先生在南京就任中华民国临时大总统，孙中山先生和战友们破旧立新，用民权代替军权，用自由、平等取代宗法等级制；普及教育，废除祭孔读经；针对三纲五常进行批判和改造，中国民主革命伟大的先行者孙中山先生提出了四维八纲的新道德标准，四维即"礼、义、廉、耻"，八纲指"忠、孝、仁、爱、信、义、和、平"；提倡改易陋俗，剪辫子、禁缠足等，从而正式拉开了现代礼仪的帷幕。民国期间，由西方传入中国的握手礼开始流行于上层社会，后逐渐普及民间。

1949 年，中华人民共和国成立后，中国的礼仪建设进入了一个崭新的历史时期。1949—1966 年，是中国现代礼仪发展史上的革新阶段，在此期间，摒弃了昔日束缚人们的"神权天命""愚忠愚孝"以及严重束缚妇女的"三从四德"等封建礼教，确立了同志式的合作互助关系和男女平等的新型社会关系，尊老爱幼、讲究信义、以诚待人、先人后己、礼尚往来等中国传统礼仪中的精华得到了继承和发扬。

1966—1976 年，许多优良的传统礼仪被抛弃，礼仪受到摧残，社会风气逆转。

1978 年党的十一届三中全会以来，改革开放的春风吹遍了祖国大地，中国的礼仪建设进入了全面复兴时期。逐渐确立了以平等相处、友好往来、相互帮助、团结友爱为主要原则的具有中国特色的新型社会关系和人际关系，"五讲四美三热爱"成为新时代礼仪原则和道德风尚。

改革开放以来，礼仪文化进入了全新的发展时期，大量的礼仪书籍相继出版，各行各业的礼仪规范纷纷出台，学礼、答礼蔚然成风。随着社会的进步、科技的发展、国际社会交往的增多，礼仪文化必将获得新的滋养和进步。在广阔的华夏大地上，再度兴起礼仪文化热，具有优良文化传统的中华民族又掀起了精神文明建设的新高潮。

任务实施卡

学习任务工单				
项目	项目一 认识礼仪	任务		1.1 了解礼仪的起源和发展
知识目标	1. 了解中国的礼仪六个发展阶段; 2. 掌握礼仪的含义和礼仪之本; 3. 熟知礼仪核心著作和礼仪代表人物。	能力目标	1. 提炼总结能力; 2. 文字表达能力。	素养目标	1. 能够提升个人礼仪文化素养; 2. 弘扬"礼仪之邦"的传统美德,认识到"不学礼,无以立"。
任务要求	参考教材、微课视频(也可利用手机上网查阅资料),在 A4 纸上绘制思维导图。 要求:每小组设计一份思维导图,要求图文并茂,逻辑性强;思维导图要体现"礼仪的起源→发展→变革→鼎盛→衰落→现代"的发展过程,时间节点、代表人物、礼仪著作等。			
任务实施记录				
任务考核评价	1. 每组选出代表依次到讲台上介绍和讲解中国礼仪的代表人物和主要思想; 2. 各小组之间进行点评和补充; 3. 教师整体评价+学生自我评价; 4. 选出优秀思维导图粘贴上墙进行展示。			

任务 1.2 掌握礼仪的特点和原则

知识目标

- 了解礼仪的含义；
- 掌握礼仪的原则和特点。

能力目标

- 能够在社交场合中灵活运用礼仪的特点和原则；
- 能够理解礼仪的功能。

素养目标

- 能够提升个人的礼仪素养。

能量小贴士

礼，所以正身也；师，所以正礼也。人无礼则不生，事无礼则不成，国家无礼则不宁。——荀子

小案例

案例一：

"无 礼!"

古时候，有个年轻人骑马赶路，时至黄昏，还没有找到住处。忽见路边有一老农，他便在马上高声喊道："喂，老头儿，离客栈还有多远？"老农说："还有 500 步。"年轻人笑话他说："哪有论步的？是论里的。"老农说："无礼!"年轻人以为是 5 里，于是策马飞奔，向前驰去。结果跑 10 多里仍不见人烟，他想：这老头真可恶，回去非得整治他不可！什么 5 里？!

思考

（1）此案例中年轻人所犯的错误是什么？

（2）本案例对你有何启发？

知识准备

孔子曰："不学礼，无以立。"在现代生活中，礼仪依旧是每一位现代职业人必备的基本素养。

得体大方的着装能助你在职场面试中脱颖而出，自信真诚的微笑能快速拉近你和同事的距离，内外兼修的气质能给对方留下良好的第一印象，发自内心的尊重能够让你赢得更多的尊重和机遇……

一、礼仪

（一）礼仪的概念

礼仪就是用来帮助我们确定人际关系的亲疏远近、判断事情的正误、解决疑虑、分辨事物的同异、明确对错的一个道德行为规范。

什么是礼仪

（二）礼仪的内容

礼仪的内容：礼貌、礼节、仪表、仪式。

（三）礼仪的本质

孟子曰："尊敬之心，礼也。"因此，尊重就是礼仪之本，要做到敬人敬己。尊重他人的三 A 原则是：接受对方（Accept）、重视对方（Appreciate）、赞美对方（Admire）。

二、礼仪的特点

礼仪的特点：时代性、继承性、差异性

（一）时代性

礼仪是随着社会的发展而不断发展更新的，并不是一成不变的。例如古代宾主相见会行作揖礼，而如今，我们用握手礼代之。我国古代女子不入席，现在席间女士优先；古代的妇女以"三寸金莲"为美，而如今人们认为，那样不但有害，而且不雅不美、不安全、不方便。在现代，人们直接利用手机短信、微信、QQ、邮件等问候形式来表达节日的礼仪和祝福，这也是时代进步带来的新生事物。

（二）继承性

礼仪是一个国家、民族传统文化的重要组成部分。我国古代流传至今的传统节日礼俗、传统思想如尊老敬师、父慈子孝、礼尚往来等礼仪反映民族美德，这些礼仪自古至今都是一脉相承的，都在世世代代相传，发扬光大。现代中华礼仪就是以中国传统礼仪文化为核心，在广泛吸收东西方礼仪文化的基础上，形成和发展的。

（三）差异性

俗话说：十里不同风，百里不同俗。各民族在文化传统、宗教信仰等方面的差异，导致了礼仪规范的差异。即使在同一个国家，因不同地区生存环境、文化氛围的不同，礼仪规范也千差万别。比如，很多国家见面打招呼的方式就存在很大的差异：中国人见面常用握手礼，泰国人见面双手合十，日本人韩国人见面行鞠躬礼，英国人见面喜欢用脱帽礼，法国人见面常用贴面颊的方式问候。这些礼仪形式的差异均源于各地风俗的差异，具有约定俗成的影响力。

世界是丰富多彩的，礼仪也是绚丽多姿的。同样的手势，在不同的国家含义可能完全不同，甚至相反。例如：OK 手势在美国表示"好的"，在巴西代表粗鲁。中国人竖大拇指，代表点赞；美国人代表"很好"或者搭便车；在伊拉克和伊朗代表侮辱，和许多国家竖中指一样。

因此，我们一定要学会入乡随俗，学会尊重。

（四）规范性

礼仪的特点：
规范性和
理智性

礼仪具备切实有效、实用可行、规则简明、易学易会、便于操作的特征。我们都知道，无论是高端服务岗位还是商务场合，作为现代职业人都需要掌握一套标准的礼仪规范动作，因为我们的目光眼神、肢体动作，都在时刻传递着我们的礼仪素养。因此，我们学习的礼仪并不是空洞的理论，而是可以通过系统学习掌握的一种切实可行、行之有效的行为规范。

（五）理智性

现代文明社会的礼仪传承了以往社会形态的传统礼仪美德，革除了传统礼制繁文缛节的弊端，废除了其中封建迷信的僵化和保守的部分，保留了其中合理的部分，体现了礼仪的科学与文明的特征。因此我们通过系统地、理性地学习才能掌握礼仪的理论知识，用理论有效地指导实践，从而提升自身的礼仪素养。

三、礼仪的原则

要想有效地进行人际交往，就要按照礼仪的规范行事，就要对礼仪的原则有基本的认识。礼仪的原则是人们在社会交往中处理人际关系时的出发点和指导思想，也是在社会交往中确保正确施行礼仪和达到礼仪目标的基本要求。

礼仪的原则包括律己、敬人、宽容、平等、诚信、适度和互动。

（一）律己原则

礼仪原则 1：
自律

说到律己，强调的是好礼仪，就是从约束自己做起。拉尔夫·沃尔多·爱默生曾说过："彬彬有礼的风度，主要是自我克制的表现。"《礼记·曲礼》的开篇第一句就是："毋不敬，俨若思。"礼仪是社会生活中约定俗成的习惯和规则，礼仪对人们的各种行为规范都有着广泛的约束力，但这种约束力不是强制性的，而是要求人们在人际交往中自觉地遵守礼仪规范。这就是礼仪的自律性，自律即自我管理、自我约束、自我控制、自我对照、自我反省。同时更提倡"严以律己，宽以待人"。

（二）敬人原则

孟子曰："敬人者，人恒敬之。"

礼仪原则2：
敬人

★案例

失而复得的生意

有位推销员每次去一家店都会先热情地跟营业员打招呼，然后再去见老板。有一天，老板对他说，因为推销员所在公司的活动不利于他的店铺，以后不在他那儿进货了。业务员只好离开商店，但他后来决定再次回到商店，准备游说店老板。

结果店老板看到他去而复返，不但没有面露不悦，反而很高兴地接待了他，并且再次订了货。推销员很疑惑。店老板解释说，他走后柜台上的营业员说，他是到店里来的推销员中唯一一个会跟营业员打招呼的，如果有什么人是值得与其做生意的，那一定是他。

因此，要做到"敬人"和"被敬"，需要注意以下几点：

敬人之心要常存；谨言慎行，处处不可失敬于人；从对方的立场去思考问题，为对方着想。

（三）宽容原则

宽容意味着要有容人的雅量和多替他人考虑的美德。"海纳百川，有容乃大"，能设身处地为别人着想，能原谅别人的过失，也是一种美德，它被视为现代人文明的一种礼仪修养。英国哲学家弗兰西斯·培根说过："礼仪是微妙的东西，它既是人们交际所不可或缺的，又是不可过于计较的。"《大戴礼记》中也说："水至清则无鱼，人至察则无徒。"

礼仪原则3：
宽容

★小故事

有位老禅师，夜晚在禅院里散步，突见墙角有一张椅子，他一看便知有人违反寺规越墙出去。老禅师也不声张，走到墙边，移开椅子，就地而蹲。少顷，小和尚翻墙踩着老禅师的背脊跳进院子。当时小和尚惊慌失措，但出乎意料的是师傅并没有厉声责备他，只是以平静的语调说："夜深天凉，快去多穿一件衣服。"

小和尚感激涕零，回去后告诉其他兄弟，此后再也没人敢越墙出去。在老禅师宽容而无声的教育中，小和尚不是被惩罚了，而是被教育了。

因此，要学会宽容，我们需要做的是提高自身的涵养，懂得容忍。小不忍则乱大谋，要学会为他人着想。

礼仪原则4：
平等

（四）平等原则

英国哲学家弗兰西斯·培根说过："对一个有优越才能的人来说，懂得平等待人，是最伟大、最正直的品质。"

★小故事

一位职员热情地邀请了自己的顶头上司到家里做客，庆祝自己乔迁之喜。同时，她顺便也叫上了几位同事。

入席，女主人把上司推上了最尊贵的位置，靠近空调，椅子也很舒适。面对其他同事，这位职员招呼道："你们几位不要客气，随便坐，我就不和你们客气了……"接着，女主人开始张罗着给上司倒酒，同事们不声不响地落座了。

女主人把酒菜摆满了整个桌子，不停地向上司介绍菜名和特色。吃到一半，她把上司面前半空的菜盘堆码在同事面前，把热菜放在上司面前。

接着，女主人又起身向上司敬酒，说些感谢关心、谢谢培养之类的话。几位同事根本就没有机会向主人表示自己的祝福，也没有机会和上司说话。酒过三巡，似乎女主人眼里只有上司一个人，其他人都是不存在的。同事们一个个难忍心中的不满，宴席还没有结束，就纷纷以"对不起，我们还有事"为由陆续告辞了。

这样的待客方式当然令人生厌，让人感到女主人的俗不可耐和势利。

更多的时候，我们面对的不是一个人而是一群人，要处理的不是简单的"我和你"的关系。在这个许多人事掺杂其中的多角关系中，不要有意无意间将一大群平等的人分划了等级，而应努力营造和谐的工作关系，真正做到平等待人、一视同仁，才不至于得罪他人。

礼仪原则5：
诚信

（五）诚信原则

真诚是君子最宝贵的品格，是人与人相处的基础，在人际交往中，运用礼仪时务必诚实无欺、言行一致、表里如一。

★小故事

宋濂被明太祖朱元璋誉为"开国文臣之首"。他小时候喜欢读书，但是家里很穷，也没钱买书，只好向人家借，每次借书，他都讲好期限，按时还书，从不违约，人们都乐意把书借给他。

一次，他借到一本书，越读越爱不释手，便决定把它抄下来。可是还书的期限快到了，他只好连夜抄书。时值隆冬腊月，滴水成冰。他母亲说："孩子，都半夜了，这么寒冷，天亮再抄吧。人家又不是等这书看。"宋濂说："不管人家等不等这书看，到期限就要还，这是个信用问题，也是尊重别人的表现。如果说话做事不讲信用，失信于人，怎么可能得到别人的尊重？"

又一次，宋濂要去远方向一位著名学者请教，并约好见面日期，谁知出发那天下起了鹅毛雪。当宋濂挑起行李准备上路时，母亲惊讶地说："这样的天气怎能出远门呀？再说，老师那里早已大雪封山了。你这一件旧棉袄，也抵御不住深山的严寒啊!"宋濂说:"娘,今不出发就会误会了拜师的日子,这就失约了;失约,就是对老师不尊重啊。风雪再大,我都得上路。"

当宋濂到达老师家里时,老师感动地称赞道:"年轻人,守信好学,将来必有出息!"

(六)适度原则

战国时候宋玉曾在《登徒子好色赋》里谈到女子的美,东家之子"增之一分则太长,减之一分则太短;著粉则太白,施朱则太赤",他认为东家之子的美恰到好处,是最理想不过的了。这种适度美的思想,也同样适用于交际礼仪。适度的原则,就是要求应用礼仪时,必须注意技巧,合乎规范,特别要注意把握分寸尺度。凡事过犹不及,在人际交往中,该行则行,该止则止,适度为佳。

礼仪原则6:
适度

★小故事

小明找到人生的第一份工作,热情满满,希望自己能尽快做出一番成绩,以证明自己的能力。于是,他什么事情都抢着干,拼命加班,有时候自己对某个问题有想法,都会急忙提出来,不管当下的场合和别人的情绪。这样过了几个月,在绩效考核时,小明心想他肯定能得到表扬,但是人事经理告诉他,他的直属上司和其他同事对他的评价并不理想,小明很诧异,为什么自己那么努力却得不到别人的肯定?

(七)互动原则

古人云:"来而不往非礼也。"拉尔夫·沃尔多·爱默生曾说过:"生命是短促的,然而尽管如此,人们还是有时间讲究礼仪。"

礼仪原则7:
互动

★小故事

小敏外表总是冷冰冰的,似乎不屑与人交往,公司应酬客户时,她不但不主动与他人交流,还经常不回答别人的提问,总是让现场气氛十分沉寂。

小敏有时也受邀参加一些聚会,但也总不跟人交谈,后来,邀请她参加聚会的朋友越来越少,她意识到自己存在问题,就咨询一个朋友,朋友直言不讳地说:"你最大的问题就是太冷漠了,笑脸遇到你的冷面孔,都会变凝固,这样下去谁还愿意和你交往?"

因此,在人际交往中,我们需要做的是认真倾听,积极反馈,创造话题。

四、礼仪的功能

(一)提升个人教养

礼仪反映着一个人的气质风度、阅历见识、道德情操、精神风貌。因此,完全可以说礼仪即教养,有道德才能高尚,有教养才能文明。个人形象,是一个人仪容、表情、举止、服饰、谈吐、教养的集合,而礼仪在上述诸方面都有详尽的规范。

（二）改善人际关系

礼仪修养除了可以使个人在交际活动中充满自信、胸有成竹、处变不惊之外，最大的好处就在于能够帮助人们更好地向交往对象表达自己的尊重、敬佩、友好与善意，增进彼此之间的了解与信任，人际关系将会更加和睦，生活将变得更加温馨、和谐。

（三）强化职场能力

礼仪体现出职场人士的习惯和修养，良好的礼仪将帮助求职者更顺利地面对应聘工作，增加面试成功的机会。同时，礼仪是职场人士最亮丽的名片，职场上交往的对方不仅要看你的职务，还要看你的修养和素质，如果对方认为你不值得信任，你的任何努力都将白费。

任 务 实 施 卡

学习任务工单				
项目	项目一 认识礼仪	任务		1.2 掌握礼仪的特点和原则
知识目标	1. 掌握礼仪的原则和特点； 2. 了解礼仪的功能及对个人的作用。	能力目标	1. 提炼总结能力； 2. 语言表达能力。	素养目标：能够提升个人的礼仪素养。
任务要求	任务1：讨论个人礼仪培养的方法有哪些。 任务2：了解商务礼仪的特点，参考线上资料搜集商务礼仪的典型案例或小故事。 （1）以小组为单位讨论个人礼仪提升的具体方法，搜集关于商务礼仪的小故事。 （2）以小组为单位，结合身边的案例或网上查找的资料分工讲述。			
任务实施记录	**参考知识点：商务礼仪的特点** 1. 共通性 当今，随着全球化的迅速发展，各种商务活动已经遍及社会的方方面面。商务礼仪就是人们在商务活动中必须遵守的行为规范准则。商务礼仪中的问候、打招呼、礼貌用语、商务拜访与接待、商务洽谈座次、中西餐宴请座次、庆典仪式、签字仪式等商务礼仪活动都是国际上的"通用语言"。 2. 信誉性 在商务活动以及商务交往当中，要做到诚实守信，孔子曰"民无信不立"，商务人员应从遵守商务礼仪的角度来展现诚信的态度，为商务洽谈和合作提供成功的前提保障。 3. 效益性 在商务交往当中，得体的行为举止有助于树立良好的企业形象和良好的个人职业形象，在商务合作中协调交往双方的关系，促进商务合作的顺利开展；说话、做事都要恰到好处，否则便容易错失商务合作的良机，失礼则会导致商务交往失败，客户流失以及商务活动中断，给企业带来一定的经济损失和形象损失。 4. 发展性 时代在进步，商务礼仪也在随着全球化的发展而不断发展，因此，学习商务礼仪也要做到与时俱进，学会合理地运用现代信息手段进行商务信息的传递。			
任务考核评价	每组选出学生代表依次到讲台分享个人礼仪提升的方法，介绍商务礼仪的案例或小故事。 1. 学生小组之间进行点评和补充； 2. 教师整体评价； 3. 学生自我评价，小组打分。			

知识进阶

一、单选题

1. （　　）曰："非礼勿视，非礼勿听，非礼勿言，非礼勿动。"

A. 荀子　　　　B. 孟子　　　　C. 孔子　　　　D. 韩非子

2.《周礼》相传为（　　）所制。

A. 孔子　　　　B. 周公　　　　C. 召公　　　　D. 周武王

3. "二战"以后，美国人认为，征服世界的三大法宝是（　　）。

A. 口才、金钱、原子弹　　　　B. 金钱、电脑、原子弹

C. 口才、金钱、电脑　　　　D. 金钱、公关、原子弹

4. 子曰："丧礼，与其哀不足而礼有余也，不若礼不足而哀有余也。"强调是礼仪的本质是（　　）。

A. 地域性　　　B. 尊重　　　C. 继承性　　　D. 时代性

5. （　　）说过："人无礼则不生，事无礼则不成，国家无礼则不宁。"

A. 孔子　　　　B. 孟子　　　　C. 荀子　　　　D. 老子

6. 中国礼仪的变革时期是（　　）。

A. 夏商周时期　　　　　　B. 春秋战国时期

C. 唐宋时期　　　　　　D. 清末

7. "知人者智，自知者明。胜人者有力，自胜者强。"出自（　　）。

A.《论语》　　B.《庄子》　　C.《道德经》　　D.《大学》

8. 在古代典籍当中，礼有三层含义，分别是（　　）

A. 仪式、外表、容貌　　　　B. 政治制度、礼貌礼节、礼物

C. 政治制度、容貌、礼节　　D. 仪式、礼貌礼节、礼物

9. 我国礼仪发展的鼎盛时期是在（　　）

A. 公元前 221 年　　　　B. 公元前 220 年

C. 公元前 222 年　　　　D. 公元前 219 年

10. 到了汉代，礼仪著作（　　）问世。

A. 内则　　　　B. 礼运　　　　C. 礼记　　　　D. 学记

二、填空题

1. 尊重他人的三 A 原则是：＿＿＿＿、＿＿＿＿、＿＿＿＿。

三、判断题

1. 礼仪起源于祭祀。（　　　）

《周礼》是我国历史上第一部也是唯一一部礼仪专著。（　　　）

秦始皇提出的行同伦、车同轨、书同文，奠定了中国两千余年政治制度的基本格局。（　　　）

参考答案

18

为什么职场礼仪关乎成败?

一、职场概念

职场有狭义与广义之分。狭义的职场就是指工作的场所。广义的职场是指与工作相关的环境、场所、人和事,还包括与工作、职业相关的社会活动、人际关系等。

在职场中要注意提升职场政治能力和个人能力两个方面的能力。职场政治能力表现为判断自身所处环境的能力以及创造利于自己条件的能力,具体说就是判断自身所处环境的优劣,与同事、上级关系构建等。个人能力表现为时间掌控能力、知识水平、现场问题解决能力等。

对于职场新人而言,想要建立良好的职场关系,不妨从以下几方面着手:

1. 弄清自己的角色

不同的角色有不同的职责,决定了你不同的立场和处事方式。

2. 相互尊重

要想赢得别人的尊重,首先要学会尊重别人,包括尊重对方的隐私和劳动成果等。

3. 遵守规则

每个游戏都有规则,职场也不例外。

4. 大局观念

与同事发生矛盾时,要站在大局的角度考虑问题,学会忍耐和包容。

5. 保持距离

与领导、同事和客户都要保持适当距离,不搞小团体。

二、职场的构成要素

每一个工作区域都是一个"场",每个"场域"都会有它的组成要素。一般说来,"职场"的组成要素有如下几点:

1. 自我

作为职场新人,必须对自我有一个准确的定位,并学会自我的职业化管理(如职业形象塑造、职业生涯规划等)。

2. 工作任务

对于刚入职的新人而言,这是展现自身工作能力的主要载体。面对工作任务,必须思考和判断:怎么做、什么时间做等。

3. 工作伙伴

包括你的上司和同事。与他们保持良好的人际关系是工作顺利开展的主要前提。记住:尊重是王道。

4. 物理环境

包括你的工作场所、工作环境等客观条件。保持良好、整洁的工作环境是基本要求。

5. 企业文化

企业文化是由价值观、信念、仪式、符号、处事方式等组成的组织特有的文化形象。在具体的组织中，它往往以组织中人的文化观念、价值观念、道德规范、行为准则、企业制度、企业产品等形式展现。作为职场新人，要学着理解、欣赏、接纳并融入本企业的企业文化。

6. 资源或工具

包括有形的和无形的，比如学识、客户、人脉等。

7. 竞争对手

包括你的同行以及人才市场中的竞争者。

职场要素如图1-1所示。

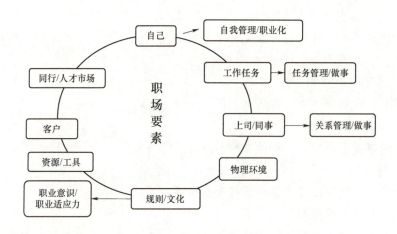

图1-1 职场要素

三、礼仪的理解误区

在生活中，在职场上，礼仪的重要性不言而喻，但人们对礼仪的理解往往存在一些认识上的误区，职场人士，特别是职场新人在对它的理解上不要发生如下偏差：

1. 礼仪是一种过时的、刻板的规矩

礼仪的发展与时代是同步的。虽然在当今充满压力的社会中很多刻板的东西、烦琐的程式会显得复杂，但必要的礼仪是指导我们在与他人相处时让对方感到舒适的行为准则。同时，如果没有表现适当的礼仪，那我们的表现就与动物的行为没有多大的差别。

2. 上流社会才需要礼仪

礼仪是适用于任何阶层和职业的行为规范。任何人掌握和具备良好的行为规范后，都将会给别人一种良好的精神风貌，他的生活品质将会有质的提升。

3. 礼仪的目标是赢得商业合同

虽然礼仪能帮你签订一些合同，但礼仪的终极目标不是去赢得商业合同，而是去建立互利互惠的关系，是为自己赢得尊重和友谊，这种尊重和友谊可以超越很多商业行为。所以，无论你是处于职场中的哪一个层次，无论你在什么样的环境，你要记住这个学习礼仪的最高目标。

4. 礼仪是谄媚的行为和表现

遵守礼仪规范并不意味着你是势利小人。看不起别人的人不可能通过这种方式达到显示自身优越性的目的，反而让自己更渺小，因为他根本不懂得尊重他人或体谅他人。

在这个竞争激烈的商业社会里，发自内心的礼仪、恰到好处的礼仪，是你在职场立于不败之地的关键因素之一，它能帮你获得客户、领导、同事和朋友的认可。在一个充满竞争的工作环境中，良好的礼仪也是帮你跑在队列最前面的助推器。请记住卡耐基说过的话："一个人的成功，15%是靠专业知识，85%是靠人际关系和处世能力。"这里所说的"人际关系和处世能力"，其实就是礼仪固化和外化的表现。

项目二　职场仪表礼仪

任务 2.1　了解第一印象

知识目标

- 了解第一印象;
- 了解什么是修养;
- 掌握礼仪与修养的关系。

能力目标

- 能够理解职业形象的重要性;
- 能够把握住关键的第一印象。

素养目标

- 能够提升个人形象。

能量小贴士

没有人愿意透过你邋遢的外表, 去发现你优秀的内在。——杨澜

小案例

案例一:

诸葛亮

三国演义中刘备第一次见诸葛亮的时候, 诸葛亮的形象是: 身高八尺, 羽扇纶巾, 穿的是八卦新衣, 有神仙气韵。诸葛亮一登场先吟诗:"大梦谁先觉, 平生我自知。草堂春睡足, 窗外日迟迟。"这就叫形象, 叫符号, 这是人际沟通和管理规律, 这是所有人都应该懂的权利符号。

思考

为什么说形象叫权利符号？

案例二：

礼仪关乎机会

有一家公司同时来了两位客人，他们分别是两家化妆品公司的销售人员。第一位销售人员无论是自我介绍，还是递名片都显得彬彬有礼；第二位销售人员衣着随便，言谈举止都显得比较粗俗。虽然第二位销售人员的产品价格稍低，但最终这家公司还是选择和第一位销售人员签订销售合同。

思考

为什么第一印象如此重要？

案例三：

有人空占座位

最近，有一件事令某市图书馆副馆长刘先生感到十分头痛。原因是该大型图书馆每天的读者接待量在直线飙升，但是每隔一小段时间就会有读者向副馆长反映："有人空占座位！"

作为全市免费开放的大型图书馆之一，该图书馆半年来的接待读者数量已超过50万人次，双休日更是人头攒动，络绎不绝。

每天开馆之后，不少市民会抱着书刊在四下寻找座位，而一些座位上却是空着的，这一奇怪的现象被图书管理员称之为"报纸人"，有些读者因有事要离开时，就会用报纸来空占着座位。管理员发现，在二楼的中文社会科学图书阅览室里有近100个座位，而其中的一半都被"报纸人"占了。

记者发现有些读者外出就餐迟迟不归，有些人索性将各种外卖饮料带进了阅览室，例如三楼的青少年阅览室里，时常会弥漫着一股炸鸡的味道。而图书馆特地为小朋友开辟的专用阅览室里，也成了他们吃零食的地方。

一张报纸为占座者锁定了紧缺的座位资源，而其他读者只能站在一旁干着急，有记者在图书馆的一个座位处等了两个小时，占座者却始终没有出现。不仅如此，图书馆管理员还经常发现一些热门报纸、杂志不翼而飞。不少市民在离馆时会偷偷将一些热门报纸刊物一起"顺手"带走。图书馆方面不得不将这些人列入了"黑名单"。针对这样一种状况，图书馆的报刊阅览室还特地花钱安装了防盗设施。

 **思考**

你认为公共场所礼仪是国人需要修炼的一门功课吗？为什么？

 知识准备

一、第一印象

在人际交往中，给人的第一印象很重要。第一印象也被称为首因效应，心理学研究发现，与一个人初次会面 3 到 7 秒内就会产生第一印象。而在当今这个高速发展的社会里，很少有人愿意花更多的时间去了解一个给他留下不美好第一印象的人。

在第一印象中，55%体现在你的外表、穿着、打扮；38%是你的仪态和气质；7%是你的谈话内容，如图 2-1 所示。

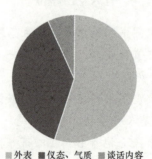

■外表 ■仪态、气质 ■谈话内容

图 2-1　第一印象

当一个人真正意识到个人职业形象和修养的重要性，才能体会到自己的职业形象给自己带来的机遇会有多大。形象可以产生影响力和信任度，也会告诉对方，你是否知晓礼仪。所以，在商务交往活动中，应该在上司、同事、客户、商业伙伴面前表现出自己专业稳重的形象。

二、修养

修养是具有文化、智慧、善良和知识的人所表现出来的一种美德，是崇高人生的一种内在力量，也是一个人综合能力与素养的体现。

（一）修养与礼仪

（1）思想修养，包括高尚的道德情操、积极的进取精神、乐观的人生态度。

（2）文化修养，包括渊博的人文知识、务实的科学精神、扎实的专业功底。

（3）审美修养，包括增强审美意识、把握审美标准、提高审美能力。

（二）礼仪与修养的关系

礼仪是对礼节、礼貌和仪式的统称。修养是一种气质，是一个人内涵由内而外的体现。礼仪美展示的是韵致美、外在美和风度美，而修养美展示的是精神美、内在美和气质美。

修养美需要健康的心理品质和丰富的知识根基，礼仪美需要良好的外表和得体的言谈举止。具有良好个人修养的人，往往在人群中是最具个性和人格魅力的人，因此，他或她一定会呈现出从容淡定、优雅得体的外在形象。

（三）职业形象的重要性

（1）你的职业形象会影响你个人的事业发展。职业生涯很漫长，懂得礼仪，懂得尊重他人，才能更受大家欢迎。

（2）个人形象也是一种沟通的工具。领导在面试招聘时，很重视职场新人的礼仪素养，如果参加面试的几个人，能力方面相差不大，这时礼仪素养高的人就会占很大的优势。

（3）个人形象代表着企业的形象。个人形象是礼仪的一部分，企业很重视职场礼仪，因为礼仪代表着企业的形象，是企业文化之一。

许多人败在礼仪，只在容貌装扮上用心，殊不知衣着装扮只是礼仪的外在表现之一。更深一层的修为是：因智慧而生的气质，得体大方的个人形象，不卑不亢的立身处世技巧。

任务实施卡

学习任务工单					
项目	项目二　职场仪表礼仪		任务	任务 2.1　了解第一印象	
知识目标	1. 了解第一印象； 2. 掌握什么是形象。	能力目标	1. 能够理解职业形象的重要性； 2. 能够把握住关键的第一印象。	素养目标	能够塑造良好的职业形象，提升个人仪容仪表。

任务要求	1. 自我诊断 请每位学员结合教师设计的测试内容对自己的形象进行自我诊断，时间控制在 3 分钟。 2. 相互诊断 参照自我诊断的测试结果，两两结合，两人相互对彼此的形象进行再诊断，并给对方合理的提升建议。

任务实施记录	诊断时，学生可以借鉴教师设计的测试内容来描述受试者的人格、习惯和态度。 请同学们结合下表的内容，选出你将来想要具备的形象特质形容词，并画"√"。如果有些形容词在"我就是"和"我想要成为"都画上符号，说明你目前和将来都具有哪些特质，也可能出现某些形容词后面没有符号。请大家结合个人实际来选择。

特质	我就是	我想要成为	特质	我就是	我想要成为
好战的			粗鲁的		
谨慎的			合作的		
好奇的			大胆的		
自我中心的			有自信的		
诚实的			引人注目的		
行动的			独立的		
精力充沛的			风趣幽默的		
迂回的			小心的		
独断的			吸引人的		
顽固的			胆小的		
实际的			有原则的		
懒惰的			乐观的		
能言善道的			有耐心的		
抗压的			有担当的		
有道德的			顺从的		
穿着大方得体的			很有礼貌的		
悲观的			被动的		
嫉妒的			情绪稳定的		

任务考核评价	请同学们结合任务中的要求完成自我诊断和相互诊断，并以小组为单位对诊断结果进行分析，教师倾听小组汇报并给出合理建议。

任务 2.2　掌握职场仪容

知识目标

● 掌握仪容的概念；
● 了解皮肤的类型、特点、影响因素；
● 了解常用化妆品和化妆用具。

能力目标

● 能掌握正确的洁肤和护肤步骤；
● 能够设计符合自己身份的职业妆容；
● 能够掌握化妆的步骤和技巧。

素养目标

● 提升个人审美，提升个人素养和职业形象。

能量小贴士

见人不可以不饰，不饰无貌，无貌不敬，不敬无礼，无礼不立。——孔子

小案例

生命的化妆

　　林清玄在《生命的化妆》这篇文章中引用了一位专业化妆师的评述："最高明的化妆术是经过非常考究的化妆，让人看起来好像没有化过妆一样，并且让化出来的妆与主人的身份匹配，能自然表现出个人的个性与气质。次级的化妆是把人突显出来，让他醒目，引起众人的注意，拙劣的化妆术是一站出来，别人就发现她化了很浓的妆，而这层妆是为了掩盖自己的缺点和年龄的。最坏的一种化妆术，是化妆以后扭曲了自己的个性，又失去了五官的协调，例如小眼睛的人竟化了浓眉，大脸蛋的人竟化了白脸，阔嘴的人竟化了红唇……"自然的修饰，使人的面目真实而生动，更显精神，反之，刻意而不当的妆容，则会使人显得虚假而呆板，缺少生命力，不仅不美，反而可能让人厌恶。

思考

请你谈谈什么是化妆？

知识准备

一、仪容

仪容主要指一个人的容貌，包括一个人的头部和手部，如头发、脸庞、眼睛、**鼻子**、嘴巴、耳朵等。

仪容的基本要求：

（一）仪容自然美

仪容自然美是指仪容的先天条件好，天生丽质。尽管以貌取人不合情理，但先天美好的仪容无疑会令人赏心悦目，感到舒心愉快。

（二）仪容修饰美

仪容修饰美是指依照规范与个人的条件，对仪容进行必要的修饰，扬长避短，设计、塑造出美好的个人形象，在职场交往中，尽量令自己显得自信、自尊、自爱。

（三）仪容内在美

仪容内在美是指通过努力地学习，不断提高个人的内在修养、文化水平、艺术审美素养和思想道德情操，培养高雅的气质，修炼美好的心灵，使自己表里如一，秀外慧中。

职场盘发

二、发型

俄国文学家契诃夫说过："头发乃是人们头部最好的装饰品。"因此，应设定好几款适合自己的发型，以便应对不同场合。一般而言，出席正式场合，发型讲究严谨，而出席朋友聚会，发型更多是讲究自然活泼。

（一）男士发型

在商务场合，男士发型要体现干练、简洁的原则。男士要勤洗发、勤理发，努力使自己的头发保持清洁卫生的状态。具体来说，男士头发应做到两天一洗，半个月一剪。男士发型具体应做到前不覆额，侧不掩耳，后不及领。

（二）女士发型

在商务场合，女士的发型尤为重要，头发是每个人身体的制高点，也是被他人注视第一眼时断难"错过"的地方，因此，每一位注意维护个人形象的女士，自然而然地都会"从头做起"。在头发方面的基本要求是：干干净净、整整齐齐、长短适当，发型简单大方、朴素典雅。

1. 保持适当的长度

女士的发型最好保持适当的长度，前面不宜挡住眼睛。如果是长发，在职场中，建议女士将长发束起或盘起。

2. 保持清洁卫生

女士的头发要勤打理、勤清洗，努力使自己的头发保持清洁卫生的状态。此外，还须随时随地检查自己头发的清洁度，以免出现头皮屑脱落等情况。如果要出席重要的活动或与此相关的社交活动，那么最好去理发店或美容店，请理发师对自己的头发精心修剪一番。

3. 束发有讲究

女士必须把头发"按部就班"地梳理"到位"，不允许蓬松凌乱。即使有一绺头发不服"管理"地"突出"来，也是"犯规"的。如果是长发的女士，在职场中不能披头散发，也不能扎起高马尾或扎高丸子头，推荐使用隐形发网和U型夹进行盘发，高度在耳部的2/3处，以盘出一朵美丽的小花苞为佳。

三、护肤

皮肤是人体最大的器官、活的细胞组织，具有自愈的功能。皮肤主要由表皮、真皮和皮下组织三部分组成，如图2-2所示。

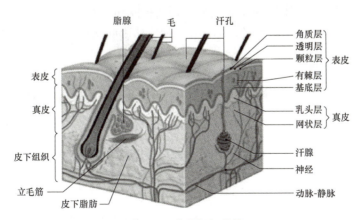

图2-2　皮肤组织结构

皮肤的好坏是健康的信号灯，对一个人的颜值有很大影响，它取决于多方面因素。随着年龄的增长，新陈代谢就会日趋缓慢，角质层就会渐渐堆积变厚。除了年龄的增长会影响皮肤的状况外，我们脸部的皮肤长年累月地暴露在空气中，经受紫外线的照射，空气中的污物、尘埃、细菌等有害物质也都会刺激皮肤表面。

人体荷尔蒙的变化、饮食习惯、睡眠时间以及不恰当的保养方式，都会影响皮肤的健康，导致皮肤出现问题，提前衰老。所以皮肤护理是我们日常生活中必不可少的环节，无论是女性还是男性，都需要护理皮肤。皮肤护理的方法有很多，下面就给大家介绍几种适用的方法。

（一）运动

平时可以多运动，坚持有规律的运动，能够让我们身体里的毒素通过汗液排出。让皮肤对抗氧化，更显年轻。

（二）饮食习惯

平时要多喝水，多吃含维生素 C、维生素 E 的食物。

（三）充足的睡眠

保证充足的睡眠，夜间 11 点到凌晨 2 点是皮肤细胞修复、新陈代谢最快的时间，也是预防老化的最佳时机。

（四）保持健康愉悦的心情

情绪对人的影响不仅体现在精神方面，身体状况也会直接或者间接受情绪影响，皮肤状态的好坏也会呈现出情绪的状态。

（五）使用护肤产品进行保养

随着时代的发展，越来越多的人，包括男性和女性都开始重视护肤。大家可以根据不同季节、不同肤质来选择适合的护肤品，每天坚持使用护肤品进行保养，可以提升整个人的容貌、举止、品位，使皮肤保持一个良好的健康状态。

四、皮肤

（一）皮肤的类型

护肤品可以根据自己的皮肤性质来选择，皮肤一般分为中性、干性、油性、混合性、敏感性五种类型。

1. 干性皮肤

干性皮肤的主要特点是缺水、缺油，皮肤薄，易生雀斑，缺乏光泽与弹性。化妆时容易产生皮屑，不容易上妆，也不容易脱妆。

保养方法：选用高保湿的护肤产品，如滋润型的乳液或乳霜。

2. 油性皮肤

油性皮肤的特点是油脂分泌旺盛，毛孔粗大，易产生粉刺、暗疮和黑头。不容易起皱纹，不容易上妆，较容易脱妆。

保养方法：选用清洁能力强的泡沫洁面乳（氨基酸成分），选用清爽控油的护肤品，可以帮助细化毛孔，控油补水。

大部分男士皮肤都属于油性皮肤，容易长青春痘，所以平时要注重清洁，但不能过度清洁，过度清洁反而会越洗越油。

3. 中性皮肤

中性肤质是最理想的皮肤状态，特点是皮肤光滑细腻有弹性，肤色均匀，毛孔细腻。但是中性皮肤也会随季节和年龄发生变化，一般春夏会偏油，秋冬会偏干。如果保养不当，也会偏干或偏油，甚至转为干性或者油性皮肤。

保养方法：注重清洁、补水和防晒，可选用性质温和滋润型的护肤品。

4. 敏感性皮肤

该类皮肤容易对化妆品、紫外线、海鲜等过敏原产生反应，引起过敏。皮肤角质层较薄，遇冷或热起红血丝，面部容易脱皮、起红疹等。

保养方法：应选用专为敏感性皮肤设计的护肤品，性质应当温和，不会给敏感性皮肤带来负担，还可以帮助皮肤增强免疫力。要找到一款适合自己用的品牌长期使用。敏感性的肤质也是可以化妆的，化妆前要使用隔离防晒产品，减少化妆品对皮肤的刺激。

5. 混合性皮肤

混合性皮肤是两种或以上肤质混合存在的一种皮肤，T 区及周围呈油性，而眼周和脸颊较干或者偏中性。此类肤质的人偏多。

保养方法：用低泡沫温和的洗面奶洁面，清爽的爽肤水调节皮肤，使之不向干性或油性恶化。也可以采用分区保养的方法，在 T 区选择油性皮肤适用的护肤品，偏干的部位则用干性皮肤适用的护肤品，分区保养。

选择护肤品时，要根据年龄、地区和季节来选择。比如 20～25 岁的年龄段，大多数人的皮肤不缺乏养分，保养的重点就是补水加保湿。一年四季由于气候和温度的不同，会对人的皮肤产生较大的影响，春季易过敏，夏季易晒伤，秋季易干燥，冬季易粗糙，要根据不同季节选择适宜的护肤品，进行合理的养护。

（二）护肤的步骤

1. 女士护肤的步骤

卸妆—洗面奶（建议使用一次性纯棉洗脸巾）—护肤水—眼霜—护肤乳—精华—面霜（秋冬）—防晒霜/防晒隔离霜。

2. 男士护肤的步骤

男子要注重基础保养，护肤步骤如下：

剃胡子后再洁面—补水—护肤乳—面霜（秋冬）—防晒霜。

五、妆容

（一）化妆的原则

1. 扬长避短

化妆一方面要突出面部最美的部位，使其显得美丽动人，另一方面是要掩盖或矫正缺陷或不足的部位。

2. 自然高级

在职场中，女士的化妆要自然协调、不留痕迹，给人大方、悦目、清新的感觉；在晚宴、婚宴、舞台演出等特殊的社交场合，可以选择浓妆，会给人庄重高贵的感觉。但无论是浓妆还是淡妆，都要显得自然高级，切忌假面或厚厚地抹上一层。

3. 认真负责

化妆时不可片面地追求速度，跳过一些必要的步骤，会使整个妆面显得敷衍了事，没有层次。化妆时动作要轻、稳、缓，注意选择合适的色彩和光线，脸部妆容还要与发型、服装、饰品相搭配，力求达到完美的整体效果。

4. 个性美

化妆要因人、因时、因地制宜，切忌强求，一律应表现出每个人的个性美，在化妆前，化妆师要对化妆对象的妆容进行专门的设计，强调突出个性特点，不单纯地模仿妆容，要根据不同的脸型特征，进行展现个性美的整体设计；同时还要根据不同场合、年龄、身份，制定出不同的妆容设计方案。

（二）化妆雷区

化妆雷区如图 2-3 所示。

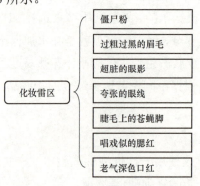

图 2-3　化妆雷区

（三）化妆品

1. 粉底、定妆粉

选择原则：品质细腻，适合自己的肤色，遮瑕力度适中。粉底一般包括粉底液、粉底霜等。粉底液质地较稀，延展性好，遮瑕力度一般，一般适合油性皮肤或者日常自然妆容；粉底霜质地稠密，遮瑕度较好，滋润度高，一般适合干性皮肤、需要大面积遮瑕的肌肤或者需要妆感重的场合如舞台等。如果脸上瑕疵较多，如有大量色斑、发红、痘印等，则需要选配相应的遮瑕产品。在选择粉底时，要考虑皮肤的冷暖色调，试用时可取适量粉底涂抹在脸侧的脸颊与脖子交界处，选择与皮肤颜色最接近的粉底。

2. 眉笔、眉粉

主要根据自己的发色、肤色与自身眉毛的颜色来选择。一般选择与自己的头发同色系浅 1～2 度的颜色，如黑发选择烟灰色，棕发选浅咖，自然发色选灰咖色。眉笔可以打造眉毛根根分明的自然妆感，能塑造轮廓和线条，适合本身眉毛稀疏、轮廓感不强之人；而眉粉塑造的效果则较为朦胧、有自然雾面之感，能填充颜色，适合眉毛自身轮廓清晰、眉毛密度较高之人。两者搭配使用能塑造完美的眉妆。

3. 眼影、眼线笔

眼影色彩一般以搭配服装、腮红、口红色彩为选择依据，大地色系适合黄种人皮肤色彩，适合打造自然妆容，较为常用。眼线一般选择深色，其中黑色最为常用，主要有眼线液笔、眼线膏、眼线笔、眼线胶笔等几个常见类型。

4. 睫毛膏

刷 1 到 2 层即可，不要夸张。一般选择深色居多，中国人一般适合黑色。睫毛膏一般有纤长和浓密两种类型，应根据自己的睫毛特点选择相应产品。

5. 腮红

增加气色，调节整个妆容的协调感，色彩应与口红、眼影色彩搭配。腮红化妆品主要有粉质、膏状、液态 3 种。

6. 口红

增加面色，妆色应与服装色彩搭配，正式场合尽量使用哑光口红。色彩选择需要参考肤色以及自身唇色，以提高面部亮度，增加气色。口红化妆品主要有唇部打底、唇线笔、膏状口红、唇釉等。

职业妆容要体现职业感，妆容干净，妆色淡雅，自然协调，突出健康、端庄的特点。

（四）化妆的步骤与方法

1. 妆前皮肤护理和修眉

早晨起床后应当遵循洁面—爽肤—护肤的顺序进行皮肤护理，护肤品要待完全吸收之后再上妆，以免出现"搓泥"现象。如果护肤已经有一段时间，视皮肤状态，如果过干需要反复喷化妆水，轻拍吸收后再上妆。如果皮肤油则需要先吸油。修理眉型应在妆前完成，方便描化。

2. 底妆

将粉底点涂于额前、鼻尖、下巴、两颊，然后以点拍、按压的方式，由上向下，由中间向两边轻轻按压于脸部，可以反复进行，注意厚薄均匀，同时注意面部与颈部的衔接和过渡。（如果有痘印、红血丝、斑点等皮肤瑕疵，可以用遮瑕产品遮盖。）

使用定妆粉吸去多余油脂，使妆面服帖，不易脱妆。干性皮肤可以用刷子轻扫，油性皮肤一般使用粉扑轻压，重点在眼周、鼻部、额头、唇周等易出油部位。

3. 眉毛

不同脸型适合不同的眉型。先根据面部轮廓确定眉头、眉峰、眉尾的位置，眉头应在鼻翼和内眼角的延长线上，眉峰一般位于鼻翼和眼珠外缘的延长线上，可适度后移，眉尾一般位于鼻翼和外眼尾的延长线上。同时根据眉眼间距和眼睛的形状、大小确定眉毛的宽度，根据面部轮廓的"曲直"确定眉峰的曲直，颜色要求前淡后浓，眉头不能太深。

4. 眼妆

眼线：从眼头紧贴睫毛根部描画，不要留白，线条流畅干净，眼尾可微微上扬并拉长，日常妆容一般拉长 5 毫米，妆感重的话一般也应在 10 毫米以内。

眼影：用眼影刷均匀涂在上眼睑眼窝处，注意与眼线的颜色过渡，应该有层次感，过渡自然，颜色搭配协调。根据眼睛的形状和大小确定涂抹的方式和颜色分配。

睫毛：先用睫毛夹从里往外分 3 次以上把睫毛夹得卷翘，然后使用睫毛膏以 Z 字形从里往外刷，适度提拉按压，如果睫毛粘在一起，可以用睫毛梳把睫毛轻轻梳开，使睫毛根根分明、纤长浓密卷翘。

5. 腮红

腮红不可强过于唇彩，从里往外轻轻刷，位置在颧骨上或笑肌上。一般长脸型采用横向、短脸型采用斜向方式涂抹均匀，注意层次及颜色过渡。膏状或液状腮红一般在定妆粉前使用，以达到自然妆效。

6. 口红

先用润唇膏打底，用唇刷蘸取适量口红轻薄涂于唇上，注意颜色要均匀，不要超过唇形的边缘。如果自身唇部轮廓不明显，可先用同色唇线笔把唇部轮廓勾勒出来再涂抹口红。

任务实施卡

学习任务工单				
项目	项目二　职场仪表礼仪	任务		任务 2.2　掌握职场仪容
知识目标	1. 掌握仪容的概念； 2. 了解皮肤的类型、特点、影响因素。	能力目标	1. 能掌握正确的洁肤和护肤步骤； 2. 能够设计符合自己身份的职业妆容； 3. 能够掌握化妆的步骤和技巧。	素养目标	提升个人审美，提升个人素养和职业形象。
任务要求	1. 新春将至，某企业为答谢各位员工的辛勤付出，加强上下级之间的沟通和交流，准备举行一场迎新文艺晚会，销售部门将组织 15 人的合唱团。为展示良好的舞台形象，策划人要求他们化妆，并统一着装。单位派你去指导妆容，请问你该如何组织实施？ 2. 请结合上述情景，组织成员参与训练。结合所学的化妆知识，对自己的皮肤做出正确的评估，结合任务背景，运用化妆品和化妆工具进行化妆修饰，每组进行展示，同时每组安排一位学生进行方法总结。			
任务实施记录				
任务考核评价	1. 以小组为单位，结合情景设置设计符合个人形象的舞台妆，根据 5 方面的评价指标重点点评：发际和眉毛处是否有粉底未涂抹均匀；双眉是否对称；腮红是否涂匀；妆面是否自然；与整体造型是否协调。小组上台展示，每组派一位同学进行总结。各小组之间互相点评并给出提升建议。 2. 熟练掌握化妆步骤，能够结合自身形象打造适合自己的妆容风格，让同学们共同学习和分享彼此的化妆经验和心得体会。			

掌握职场
穿搭

任务2.3　掌握职场穿搭

知识目标

- 了解着装的原则；
- 掌握男士着装的搭配、款式、讲究和禁忌；
- 掌握女士着装的搭配、款式、讲究和禁忌。

能力目标

- 根据所学内容，能够选择适合自己的职业装。形象设计应吻合个体自身的性别、年龄、容貌、肤色、身材等特点，与体型、个性气质及职业身份等相适宜和相协调。

素养目标

- 能够灵活掌握不同商务场合的着装原则；
- 培养学生自觉维护个人形象；
- 提升个人修养和审美能力。

能量小贴士

要修饰自己，使自己有一个好的形象，是不能缺少文化的滋润的。——江曾培

小案例

案例一：

张伟是一家大型国有企业的总经理。有一次，他获悉有一家著名的德国企业的董事长正在本市进行访问，并有寻求合作伙伴的意向。于是他想尽办法，请有关部门为双方牵线搭桥。

让张伟欣喜若狂的是，对方也有兴趣同他的企业进行合作，而且希望尽快与他见面。到了双方会面的那一天，张总经理对自己的形象刻意地进行了一番修饰。他根据自己对时尚的理解，上穿夹克衫，下穿牛仔裤，头戴棒球帽，足蹬旅游鞋。无疑，他希望自己能给对方留下精明强干、时尚新潮的印象。然而事与愿违，张伟自我感觉良好的这一身时髦的"行头"，却偏偏坏了他的大事。

张伟与德方同行的第一次见面属国际交往中的正式场合，应穿西服，以示对

德方的尊重。但他没有这样做，正如他的德方同行所认为的：此人着装随意，个人形象不合常规，给人的感觉是过于前卫，尚欠沉稳，与之合作之事再作他议。

案例二：

职 场 新 人

一位公司老总着装喜欢端正严肃，可有位职场新人偏偏上班第一天就休闲打扮。结果老总和他的首次沟通就包含了对服装审美的交流，明确告诉他这般着装与公司风格、文化不符。后来尽管他确实有所改变，但是领导的第一印象很难有质的改变。几年下来往往是受批评有余，擢升无望。

知识准备

一、职业着装的基本原则

（一）干净整洁原则

职业装在穿着时保持干净整洁，远比时髦更重要。如：衣服无污渍，无褶皱，领口、袖口白净，皮鞋无灰尘等。

（二）协调原则

比如，在商界、教育界，服饰穿着要求端庄稳重。着装时不要盲目地追求时尚，要根据自己的体型合理选择，扬长避短。

例如：个头不高、体型偏胖的人，适合选择款式简单、V字领、深色衣物，因为深色可以给人收缩感；身材较瘦的人，适合选择浅色服饰。在服装配色时，也要考虑自己的肤色，例如皮肤色调较深，皮肤偏黄的人，不建议选择蓝色、紫色，会让你看上去脸色较暗；皮肤较黑的人可选择茶褐色系，浅色调，比如枣红色、咖啡色等，都会使你看上去更加自信。

在穿衣色彩的选择上注意一般不要超过三到四种，最"安全"的颜色是：黑、白、灰。

（三）讲究原则

所谓的穿衣讲究并不是追求奢侈，高档华贵，但一定要大方得体，将态度藏于细节，显于细节。

（四）TPOR 原则

T：时间（Time）

我们要按照一年四季的节气变换选择服饰，比如夏季的衣服不能在冬天穿。

P：场合（Place）

比如社交场合、公共场合、休闲场合的着装是不同的，我们要注意什么样的场合就要搭配什么样的穿着。

O：目的（Occasion）

在职场中，你希望给对方留下成熟稳重的印象，你可以选择穿职业套装。在宴会中，你希望给对方活泼可爱的印象，你可以穿短裙等。

R：角色（Role）

指的是你在职场当中的定位角色是什么。

职业着装要根据不同职业、不同职位以及你所扮演的角色来选择。如果角色定位合适，就能够达到符合并突出人物特点的目的。

因此，我们要明白，不符合自己角色的着装，是不具备说服力的。每一位职场新人都要先了解自己公司的企业文化和职位要求，使自己的着装与公司的文化背景相协调，与自己的职位相符合。

二、男士着装

西装已经成为国际性服装，它是有文化、有教养、有绅士风度的标签。

西装的特点主要包括外观挺阔、线条流畅、穿着舒适。

（一）西装的搭配

一套完整的正装应包括衬衫、领带、上衣、西裤、腰带、袜子和皮鞋。男士西装合身要素主要包括：肩宽一指，腰身一拳，西装袖长到手腕，衬衣袖口露出 1～2 厘米，衬衫衣领高出外套 1.5 厘米左右，背部平整，衣长到臀部，裤长适中，盖着些许鞋面，如图 2-4 所示。

图 2-4　男士西装

西装上衣：西装上衣要求衣长在臀围线以上 1.5 厘米左右，肩宽以探出肩角 2 厘米左右为宜，袖长到手掌虎口处，胸围以系上纽扣后衣服与腹部之间可以容下一个拳头大小为宜。

搭配西装的衬衫：长袖衬衫是搭配西装的唯一选择，以白色或淡蓝色为宜，无图案为佳。衬衫可以选择纯毛、纯棉质地，衬衫领子要挺括。穿西装要配硬质衬衫，穿着时，衬衫下摆要完全塞在裤腰内，系好领扣和袖扣，衬衫领口和袖口的长度要长于西服上领口和袖口 1～2 厘米，衬衫里面的内衣领口和袖口不能外露，纯白色衬衫是搭配正装西服的首选。

领带：领带被称为"西装的灵魂"，是西装的重要装饰品，在西装的穿着中起着画龙点睛的作用。尤其是穿西装套装时，一定要打领带，不然会使西装黯然失色。一套同样的西装，如果经常更换不同的领带，也会给人耳目一新的感觉。领带的面料以真丝、纯毛为首选，颜色比衬衣颜色深，领带的图案以几何图案或纯色为宜；领带的款式要与身型、脸型相适合，如身材高大的人，建议搭配宽领带，身材瘦小的人，建议搭配窄领带。系领带时，领结要饱满，要与衬衫领口吻合，领带系好之后的长度应是大箭头垂到腰带扣的 2～3 cm 处为宜。

领带夹：领带夹一般应夹在衬衫第四粒与第五粒扣子之间，西装系好纽扣后，领带夹不能外露。

西裤：西装的裤线要清晰笔直，有中折线，裤脚前面能盖住鞋面，中央裤脚后面至鞋跟中央。

腰带：深色西装配深色腰带，藏蓝色、黑色西装，建议配黑色腰带。腰带的材质以牛皮为宜，颜色应以黑色，棕色或暗红色为主，并与包和鞋的颜色保持一致。皮带扣用扣式，不用窗式，大小适合，简洁为佳，样式和图案不宜夸张。

袜子：通常选用纯色系的深色袜子，袜口长度以到小腿中部为佳，应以坐下之后跷起腿不露出皮肤为准，袜子材质以棉袜为宜，切忌黑皮鞋搭配白袜子。

皮鞋：搭配正装的皮鞋应选择简单规整、鞋面光滑有亮泽的款式，即便是夏天，穿西装也要搭配皮鞋。如果穿着深色系西装，可以搭配黑色皮鞋，如果穿着咖啡色西装，可以搭配棕色皮鞋。漆皮鞋只能配礼服，浅色皮鞋只能配浅色西装。皮鞋要上油、擦亮、不留灰尘和污渍。

配饰：戒指、商务手表。

（二）西服的颜色和款式

在商务场合，男士应选择合体的西服套装，主要的颜色有藏蓝色和黑色。

如藏蓝色适合在正式商务场合穿着，黑色适合在商务正式晚宴或聚会穿着。

西服版型：H 版型（没有肩宽、没有细腰，单排扣式，衣后不开叉）、Y 版型（欧版：肩宽收腰）、平驳领（商务、婚礼、休闲）、戗驳领（年会、酒会、婚礼）、青果领（青年中流行）。

（三）西装扣子的讲究

西装扣子有单排扣、双排扣之分。

单排扣：一粒、两粒、三粒。

双排扣：两粒、四粒、六粒。

双排扣最早出现在美国，现在已不多见。

西装外套扣子的扣法：

双排四扣：全扣。

双排六扣：最上两颗不扣。

单排三扣：中间一颗或上面两颗。

单排两扣：扣上不扣下，也可以都不扣。

一扣：扣或不扣都可以。

西装背心的扣子：有六粒扣与五粒扣（五粒扣要全部扣上，六粒扣的最下面一颗可以不扣）。

正式场合：西装上衣的扣子站姿时应扣上，坐下可以解开。

小结：

穿着顺序：衬衣—西裤—皮鞋—领带—外套。

三色原则：正式场合全身上下不超过三种颜色。

三一定律：腰带、皮鞋、公文包同一颜色，首选黑色。

三大禁忌：西装左袖的商标没有拆；穿夹克打领带；穿白色袜子、尼龙袜子。

（四）西装与领带的搭配

（1）黑色西服可以选用银灰色、蓝色调或红白相间的斜条领带，显得庄重大方，沉着稳健。

（2）藏青色西服可以选用浅蓝色、深玫红色、纯黄色、褐色领带，显得纯朴大方，素淡高雅。

（3）中灰色西服可以选用砖红色、绿色、黄色调的领带，显得别有一番情趣。

（五）领带的选择和准备

领带的选择

（1）系斜纹图案的领带给人以果断的感觉。

（2）系垂直线图案的领带给人以安逸的感觉。

（3）系圆形图案的领带给人以成熟的感觉。

（4）系方格图案的领带给人以热情的感觉。

（5）金属色的领带显得比较有质感，系这类领带给人以时尚、干练的感觉。

领带的准备

（1）红色的领带用于比较喜庆的场合。

（2）深色的领带代表理性，平时工作时都可以系。

（3）方格的领带主要适用于与客户会面的场合。

三、女士着装

在正式的商务场合，女士套装宜以深色为主，款式规范，剪裁对称。一般选择传统的职业套装，无论在什么季节，正式的西服套裙都必须是长袖的。

在商务休闲场合或平时的工作中，着装可带些彩色、添加些时尚流行元素。如选择连衣裙搭配西装外套，颜色建议有彩色与无彩色搭配。女士着装讲究平整和大方。

（一）女士衬衫

在正式的商务场合，女式衬衫颜色以单色（白色、米色、淡粉、浅蓝）为主，衬衫的最佳面料是纯棉、丝绸，款式简洁为佳。平时上班可以略带装饰，例如荷叶边、小灯笼袖等。穿衬衫时，衬衫的下摆应放入裙腰之内，不能放在裙腰外或将其下摆在腰间打结。衬衣纽扣除了最上面一颗，其他纽扣不能随意解开。

（二）女士裙子

女士裙子以窄裙为主，裙长在膝盖以上或以下 5 厘米以内，一般年轻女性膝盖以上 3 厘米左右，中年女性膝盖以下 3 厘米左右。西服套裙要与皮鞋颜色相配，与套裙配套的鞋子一般应选择高跟、半高跟的船式皮鞋。皮靴、皮凉鞋、露脚趾的凉鞋、皮拖鞋、丁字式皮鞋都不宜出现在正式的商务场合，也不能搭配西服套裙。

（三）女士鞋子

在商务场合，一般鞋跟高度 3～5 厘米，不可超过 7 厘米，中跟为佳。忌穿露出脚趾和后跟的凉鞋。鞋子颜色应与裙装颜色相搭配。

（四）女士袜子

在商务场合，穿着职业裙装需要搭配肉色长筒丝袜，以肤色为佳。丝袜刮破了不能再穿，在办公室或手袋里可以预备一双袜子，以备替换。不能同时套穿两双袜子，也不能把健美裤、羊毛裤当成长筒袜来穿。

（五）配饰

在商务场合，女士配饰一般不要超过 3 种，可佩戴婚戒、胸针、手表。女性着装必须符合本人的体态特征、职位、企业文化、办公环境等。

总之，外出工作时，女士服装款式应注重整体和立体的职业形象，不宜穿着过紧或过松、不透气面料或粗糙的服饰。要注重舒适度，便于走动，做到简洁得体即可。同样在较正式的场合，也可以选用简约、品质好的上装和裤装，并搭配以女士高跟鞋。总的原则是，不要忘记职业特性是着装的基本标准。整体着装要表现女性自信、干练的职业风采。

知 识拓展

领带的诞生

1668 年，法国国王路易十四在巴黎检阅克罗地亚雇佣军。当时约有 1 000 名的克罗地亚轻骑兵负责担任国王的戒护警备工作，这一行人总是把亚麻或薄纱织布所裁制的围巾缠绕在脖子上，气宇轩昂地出现在巴黎街头。对流行相当敏感的国王路易十四，非常喜欢这种装扮，于是下令王室的裁缝师准备最高级的麻布与蕾丝围巾，把围巾系在脖子中央，并让它垂挂在胸前。为了推广这项装扮，路易十四不但在宫廷内多方奖励，还聘用了围巾结饰的指导人员，并在骑兵制服中加入白色围巾作为装饰。从此以后，王室周边的人都开始竞相在脖子上系上这种围巾。也许这种围巾就是今天领带的雏形。

中国移动员工着装规范

中国移动作为一个大型服务性企业，其对员工着装规范有着明确的规定。现在，我们一起来看看。

一、非一线服务人员着装规范

（1）着装日：分为正装日和星期五便装日。正装日特指正常工作日的每周一至周四。

（2）正装日着装原则：穿着整洁、庄重大方、规范严谨，体现职业风范。

（3）正装日着装七忌：一忌过于杂乱；二忌过于鲜艳；三忌过于暴露；四忌过于透视；五忌过于短小；六忌过于紧身；七忌过于懒散。

（4）正装日着装要求：员工上班服装要整洁。男士应穿衬衣、长西裤、皮鞋。没有特殊要求一般不用穿西装、系领带。女士应穿职业服装、皮鞋或凉鞋。

（5）正装日着装注意事项：员工"正装日"上班时间，除特殊活动外，不可穿休闲衬衣（服）、牛仔服、运动服、T恤、汗衫、无袖上装、吊带衫（裙）、背心、露脐（背）装或其他过于露透的非职业上装；不可穿休闲裤、牛仔裤、短裤等非职业裤装和超短裙（裤）；不可穿拖鞋或拖鞋式凉鞋、运动鞋。

（6）公司重要商务活动着装要求：公司举办或参与重要商务活动时（如重要的内外接待、洽谈；新闻发布会；重要会议或重要招投标活动等），男士必须穿西装或衬衣、系领带、穿皮鞋；女士必须穿职业套装或其他适合场合需要的正装、皮鞋。公司其他需要统一着装的活动和会议，由组织部门负责通知参加人员当次的着装要求。

（7）便装日着装原则：体现工作效率，凸显个性。

（8）便装日着装要求：可穿休闲装，包括休闲服、T 恤、普通牛仔裤、七分或九分裤、运动服、运动鞋等。

（9）便装日着装注意事项：便装日不可穿汗衫、无袖上装、吊带衫（裙）、背心、露脐（背）装或其他款式过于散漫的服装或过于超前的服装。不可穿着装饰夸张的牛仔裤、短裤等非职业裤装和超短裙（裤）；不可穿着拖鞋或拖鞋式凉鞋。

二、一线服务人员着装规范

（1）着装日：分为制服日和周末便装日。

（2）直接面对客户的"沟通 100 服务厅"服务营销人员、一线客户经理周一至周五均要执行"制服日"要求，在上班时间穿公司统一制服。各分公司后台职能工作人员着装要求参照非一线服务人员要求执行。必须准备制服在公司备用，特殊要求或需要拜访客户时必须穿着公司统一制服。

讨论：很多公司要求统一着装，并有严格的着装规范，但美国苹果公司的着装就很随意。那么，我们上班的着装也一样可以随意吗？

任务实施卡

<table>
<tr><td colspan="8">学习任务工单</td></tr>
<tr><td>项目</td><td colspan="3">项目二　职场仪表礼仪</td><td colspan="2">任务</td><td colspan="2">任务 2.3　掌握职场穿搭</td></tr>
<tr><td>知识目标</td><td>1. 了解着装的原则；
2. 掌握男士着装的搭配、款式、讲究和禁忌；
3. 掌握女士着装的搭配、款式、讲究和禁忌。</td><td>能力目标</td><td colspan="2">根据所学内容，能够选择适合自己的职业装。形象设计应吻合个体自身的性别、年龄、容貌、肤色、身材等特点，与体型、个性气质及职业身份等相适宜和相协调。</td><td>素养目标</td><td colspan="2">1. 能够灵活掌握不同商务场合的着装原则；
2. 培养学生自觉维护个人形象的意识；
3. 提升个人修养和审美能力。</td></tr>
<tr><td>任务要求</td><td colspan="7">请同学们结合职业着装的基本原则，设计出符合自身身份和气质的职业装搭配，可以用画画的方式设计你的职业装，也可以直接用关键词写出你一年四季的职业装搭配，包括款型选择、色彩搭配和场合着装。</td></tr>
<tr><td>任务实施记录</td><td colspan="7">
<table>
<tr><th>男士/女士</th><th>款型选择</th><th>色彩搭配</th><th>场合着装（日常上班、商务洽谈）任选其一并备注</th><th>建议（小组为单位，给出评价和建议）</th></tr>
<tr><td>春</td><td></td><td></td><td></td><td></td></tr>
<tr><td>夏</td><td></td><td></td><td></td><td></td></tr>
<tr><td>秋</td><td></td><td></td><td></td><td></td></tr>
<tr><td>冬</td><td></td><td></td><td></td><td></td></tr>
</table>
</td></tr>
<tr><td>任务考核评价</td><td colspan="7">结合任务要求，设计出符合自身身份和气质的职业装搭配，组织学生进行课堂展示，师生互评。</td></tr>
</table>

任务 2.4 掌握职场配饰

知识目标

- 了解配饰礼仪；
- 掌握女士丝巾、男士领带的系法。

能力目标

- 女生掌握 1~2 种丝巾系法；
- 男生掌握 1~2 种领带系法。

素养目标

- 能够灵活掌握不同商务场合的饰品搭配方法；
- 通过职场穿搭配饰的学习，提升个人修养和审美能力。

能量小贴士

从细节显露个性，由搭配释放气场。

小案例

案例一

请代我向你的先生问好

小白大专毕业后来到一家外企做助理工作。一次，在接待客户时，领导让她负责招待一位归国华侨。客人告辞时，这位华侨对小白热情和周到的服务都感到非常满意，特意留下名片，并认真地说："谢谢你的热情招待！欢迎你到我公司做客，请代我向你的先生问好。"小白当时就愣住了，因为她才刚刚毕业，根本没有男朋友。可是，那位归国华侨也没有错，她之所以这么说，是因为她看见小白的左手无名指上戴有一枚戒指。

 思考

（1）为什么华侨会对小白说"请代我向你的先生问好"？

（2）你会戴戒指吗？

案例二：

西 装 革 履

　　一次，小王和几位朋友相约周末一起聚会。为了表示对朋友的尊重，星期天一大早，小王就西装革履地打扮好，对照镜子摆正领带去赴约。8月的上海天气十分炎热，他们来到一家酒店就餐，边吃边聊，大家都特别开心。可是不一会儿，小王已是汗流浃背，不住地用手帕擦汗。饭后，大家计划一起去打保龄球，小王不断地为朋友的球技鼓掌叫好。这时，在朋友的强烈要求下，小王勉强站起来整理好服装，拿起球做好投球准备。没想到的是，当他摆好姿势用力把球投出去时，只听到"嚓"的一声，上衣的袖子被扯开了一个大口子，弄得小王十分尴尬。

思考

着装应遵循哪些原则？

案例三：

都是领带的"错"

　　一位企业高管代表自己公司与某外资企业进行业务洽谈。他业务知识和各方面能力表现都很优秀，公司原以为派他去十拿九稳，结果洽谈进行得并不顺利，合作失败了。经过多方面的打听，才知道原因是这位企业高管的领带系错了，对方认为该企业缺乏合作诚意。

思考

合作失败的真正原因是什么？

知识准备

一、首饰的礼仪规范

　　在职场中，良好的配饰可以提升个人的职业形象，起到画龙点睛的作用。但是要注意，首饰必须符合身份，遵守成规。例如，女士不应戴有碍于工作的首饰，不戴炫耀财力的首饰，不戴过于突出个性的首饰。所佩戴的首饰应讲究同色同质，尽量选择质地色彩基本相同的首饰，同时要注意所佩戴的首饰应与服饰的风格协调一致。

（一）首饰的佩戴讲究

1. 戒指

在商务场合，无论男女，可以佩戴婚戒。婚戒一般戴在左手无名指上。拇指通常不戴戒指，其余四指戴戒指的寓意分别是：食指表示求爱或求婚，中指表示正在热恋中，无名指表示已婚，小拇指表示单身或者独身主义者。

2. 项链、耳饰、手镯/链

在商务场合，女士可以选择一条简洁大方的项链，所佩戴的项链要与服饰的风格保持统一。

耳饰有耳环、耳链、耳针、耳坠等款式，在职场中，女士一般选择佩戴珍珠耳钉或简单大方的耳钉，但不要只在一只耳朵上戴多个耳环。

在一般情况下，手镯可以佩戴一只，也可以同时戴两只。戴一只时，通常戴在左手手腕上，表明佩戴者是已婚人士；戴在右手上，则表明佩戴者是自由而不受约束的。在职场当中，通常不戴手镯，尤其是民航服务、餐饮服务、商店等服务人员。手链仅限于戴在左手腕上，注意，如果佩戴手表，不要和手链、手镯同戴在一只手上。

3. 胸针、手表

在职场中，男士和女士都可以佩戴胸针。穿西装时，应将胸针别在左侧领子上，穿无领上衣时，应将胸针别在左侧胸前。在工作中，如果单位要求员工佩戴名牌、身份牌、本单位的证章上岗时，就不应再同时佩戴胸针。

在职场中，男士或女士都可以佩戴一款得体大方的商务手表，手表既能体现知性美，同时也是一个人地位、身份、财富状况的体现。

4. 丝巾、领带

无论在什么场合，利用飘逸柔媚的丝巾稍做点缀，马上就能让女性的穿着更有韵味，同时，丝巾还可以调节女士脸部色泽，凸显女士服饰搭配的优点。

二、女士丝巾的系法

丝绸起源于中国，在黄帝时期，就有"蚕神献丝""天神化蚕"的故事。在相当长的一段历史时期里，中国是世界上唯一能够生产丝绸的国家。从丝绸之路开始至今，丝绸连接了中国与外国的经济、政治、文化交流，延续了古人与今人延绵不断的文化传承。

职场配饰：
丝巾的系法

丝绸是华美的、柔软的、精致的、流畅的，为女性的着装增加了更多的魅力。

（一）平结

把一块正方形的丝巾平铺在桌子上，取丝巾的两头沿对角线对折，两边卷起变成一个长条形状，绕在颈部，将左手的丝巾搭在右手上，绕一圈拉紧，然后重复以上手法再拉一下。丝巾平结如图2-5所示。

图2-5　丝巾平结

（二）花结

把一块正方形的丝巾平铺在桌子上，取丝巾的两头对角系成小死结，另外两头交叉穿过这个小死结，轻轻用力一拉形成一朵小花，稍加整理之后将丝巾系在颈部。丝巾花结如图2-6所示。

图2-6　丝巾花结

（三）扇形结

把一块正方形的丝巾平铺在桌子上，沿着一条边重复对折到另一条边，变成长条形，将丝巾绕在颈部，用隐形皮筋固定好，将丝巾展开就变成了一个精致的扇形。丝巾扇形结如图2-7所示。

图2-7　丝巾扇形结

三、领带的系法

（一）系领带的规范要求

（1）领结要饱满，与衬衫的领口吻合，要紧凑。

（2）领带的长度以系好后下端正好在腰带上端为标准。

（3）领带结的大小应与所穿的衬衫领子的大小成正比。

（4）领带夹一般应夹在衬衫第四粒与第五粒扣子之间，西装系好纽扣后，领带夹不能外露。

（二）三种常用的领带系法

1. 平结

平结是职场男士们选用最多的领带打法之一，这种打法形状大方，几乎适用于各种材质的领带。系完后领带呈斜三角形，比较适合窄领衬衫。领带平结打法如图 2-8 所示。

温馨提示：该领带打法的宽边在左手边，也可换右手边；尽量让两边均匀且对称。

图 2-8　领带平结打法

2. 温莎结

温莎结因温莎公爵而得名，是最正统的领带打法。打出的结成正三角形，饱满有力，适合搭配宽领衬衫。因该领结多往横向发展，故应避免材质过厚的领带，领结也勿打得过大。领带温莎结打法如图 2-9 所示。

温馨提示：宽边先预留较长的空间，绕带时的松、紧会影响领带结的大小。

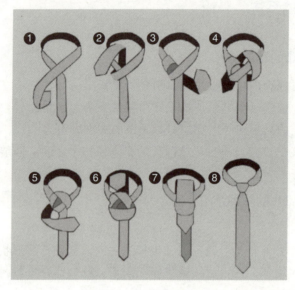

图 2-9　领带温莎结打法

3. 四手结

四手结最便捷的领带系法，适合宽度较窄的领带，搭配窄领衬衫，风格休闲，适用于普通场合。领带四手结的打法如图 2-10 所示。

温馨提示：类同平结，区别在于四手结是左手打结右手一直保持不动，平结左右手可以互换。

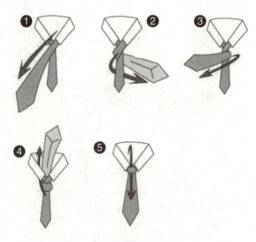

图 2-10　领带四手结打法

任务实施卡

学习任务工单				
项目	项目二 职场仪表礼仪	任务	任务2.4 掌握职场配饰	
知识目标	1. 了解配饰礼仪； 2. 掌握女士丝巾、男士领带的系法。	能力目标	1. 女生掌握1～2种丝巾系法； 2. 男生掌握1～2种领带系法。	素养目标	1. 能够灵活掌握不同商务场合的饰品搭配方法； 2. 通过职场穿搭配饰的学习，提升个人修养和审美能力。
任务要求	结合所学的女士丝巾和男士领带的系法，请同学们结合所搭配的职场着装掌握其中的两种系法。 女生准备一条60厘米×60厘米的方巾，质地稍硬一些便于成型，选择两种丝巾系法进行练习；男生准备一条领带，选择两种领带系法进行练习。			
任务实施记录				
任务考核评价	以小组为单位，分别结合所学的女士丝巾和男士领带的系法进行操练，之后以小组为单位进行展示，每位同学展示其中的一种系法，小组内展示的系法尽量不要重复。 1. 小组内部练习+互评。 2. 小组上台展示，学生互评+教师点评。			

知 识进阶

一、单选题

1. TPOR 原则指的是（　　）

A. 时间、场合、关系、角色　　　　B. 时间、场合、目的、角色

C. 时间、场合、目的、气质　　　　D. 时间、公司文化、目的、角色

2. 商务场合应穿着合体的衣服套装，正式商务场合以（　　）色最佳。

A. 黑色　　　　　　　　　　　　B. 藏蓝色

C. 深灰色　　　　　　　　　　　D. 白色

3. 领带的长度应在皮带扣（　　）厘米处为宜。

A. 1～2　　　　　　　　　　　　B. 2～3

C. 1～3　　　　　　　　　　　　D. 3～4

4. 领带夹在第（　　）颗扣子之间。

A. 四和五　　　　　　　　　　　B. 三和四

C. 五和六　　　　　　　　　　　D. 二和三

二、多选题

1. 个头不高，体型偏胖的人适合穿（　　）。

A. 款式简单　　　　　　　　　　B. V 字领

C. 浅色　　　　　　　　　　　　D. 竖条纹

2. 职业装的"安全"色是：（　　）

A. 蓝　　　　　　　　　　　　　B. 白

C. 黑　　　　　　　　　　　　　D. 灰

3. 西服的衣领分为（　　）。

A. 平驳领　　　　　　　　　　　B. 青驳领

C. 戗驳领　　　　　　　　　　　D. 青果领

三、判断题

1. 女性着装必须符合本人的体态特征、职位、企业文化、办公环境等。

2. 职业裙装需要搭配连裤袜，以肤色为佳。丝袜划破了可以再穿。

3. 正式场合，西装上衣的扣子站姿时应全部扣上，坐下可以解开。

4. 西装左胸内侧口袋：可以装钱夹、小日记本、笔。

5. 穿西装时要配软质衬衫。

6. 所谓的穿衣讲究就是要追求奢侈，高档华贵，大方得体，将态度藏于细节，显于细节。

7. 西服的三一定律是指：腰带、皮鞋、公文包同一颜色。

8. 西装的特点是：外观挺阔、线条流畅、穿着舒适。

参考答案

项目三　职场仪态礼仪

任务 3.1　掌握社交表情包

宝贵的社交
表情包

知 识目标

- 了解什么是宝贵的社交表情包；
- 掌握目光的注视区域和微笑的训练方法。

能 力目标

- 能够在各种场合灵活运用目光和微笑。

素 养目标

- 能够提升个人的社交能力。

能 量小贴士

礼仪之始，在于正容体，齐颜色，顺辞令。——《礼记》

小 案例

案例一：

微笑的效应

在飞往重庆的 3U8633 航班上，发生了这样一幕。一位乘客眼戴墨镜，脖子上挂着一条粗金项链，手里拿着手机正在大声地打着电话。这时一位空姐走过来，提醒道："吴先生，我们的飞机已经在滑行了，手机必须要调整为飞行模式。"这位旅客不屑地瞥了一眼乘务员，不满地说道："我叫你先生，你把电话给我挂了行吧，来，挂！挂！"说着就把手机扔到了空姐拿着的托盘上。

正在这时，只见乘务长不慌不忙，走过来拿起电话，面带微笑地对吴先生

53

说："吴先生，对方已经挂断了。""我就说几句话，飞机就飞不起来了呗！"吴先生没好气地继续说。乘务长仍然面带微笑，真诚地说道："飞机马上就要起飞了，为了大家的安全，请您将手机调至飞行模式。""你让他离我远一点儿啊，我不想见到她。"乘务长继续笑着说："后面的行程由我来为您服务，我是本次航班的乘务长。""行，你给我服务是吧？来，满意了吧？"吴先生向乘务长展示了他手机的飞行模式。乘务长微笑着点头说："非常感谢您的配合！"

思考

（1）你是如何理解这一案例的内涵的？

（2）这位乘务长的微笑对你有哪些启发？

案例二：

最好的介绍信

一位先生登报招聘一名办公室勤杂工，有50多人前来应聘，这位先生从中挑选出一位青年。他的一位朋友问："你为何喜欢那个青年，他既没有带来一封介绍信，又没有任何人推荐。"

这位先生说："你错了，他带来了许多介绍信。他在门口擦掉了鞋底上的泥，进门后随手关上了门，说明他做事小心仔细。当他看到那位残疾老人时，就立即起身让座，表明他心地善良、体贴别人。进了办公室，他先摘下帽子，回答我的提问时干脆果断，证明他既懂礼貌又有教养。其他所有人都从我故意放在地板上的那本书上迈过去了，而他却俯身捡起书，并把它放到了桌子上。他衣着整洁，头发梳得整整齐齐，指甲修得干干净净。难道你不认为这些就是最好的介绍信吗？"

思考

（1）你是如何理解"介绍信"的？

（2）本案例中，青年的表现给了你哪些启发？

知识准备

人与人交往时，面部表情是一种无声的语言，我们用它来辅助我们的沟通或者甚至仅用面部表情就能达到传情达意的目的。比如我们用皱眉表达不满、厌恶或者忧虑，用撇嘴表示厌恶、不屑、怀疑。构成面部表情的主要因素就是眼神和微笑。因此，眼神和微笑最具礼仪功能和表现力，带有亲和力的眼神和微笑可以给人留下良好而深刻的第一印象。

一、眼神

眼睛是心灵的窗户，人内心最隐秘最复杂的感情往往透过眼神来传达。它能如实地反映人们的内心世界、情感和思维活动。在交往中，我们的眼神应保持坦然、和善、热情、乐观（见图3-1）。

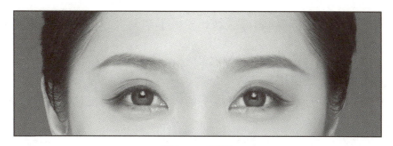

图 3-1　眼神

（一）目光的注视区域

在日常交往中，面对不同的场合和对象，目光所及之处应有所不同。

公务注视：注视位置在以对方双眼为底线，额头为顶点的正三角形区域内，被称为公务注视。这种注视位置主要用于商务洽谈、磋商会议等场合。这一注视区域给人严肃认真的感觉，在商务会谈中会使双方感到尊重，能够保持主动的态度进行交流。

社交注视：注视位置在以对方双眼为底线，唇部为顶角的倒三角形区域，被称为社交注视。这种注视位置适用于各种社交场合，如亲人、朋友、熟人相处。这一注视区域给人舒服、礼貌的感觉，同时能够营造良好的社交氛围。

亲密注视：注视位置在以对方双眼到胸部之间的区域内，被称为亲密注视。这种注视位置主要用于恋人之间。这一注视区域给人亲切、亲密的感觉。

与人交谈时，目光要有交流，不能一看就移开，注视时间要保持3秒以上。据统计，一般人能忍受一般关系的人不间断地注视的时间是30秒。因此，在日常交往中，与对方目光接触的累加时间应该占全部谈话时间的1/3到2/3，一方面表示对对方的尊重，另一方面也不会让人感到被冒犯。

（二）目光注视的角度

平视：代表理性、平等、自信、坦率，适用于普通场合与身份地位平等的人交往时使用，表示对对方的尊重和对谈话内容的专注。

俯视：目光向下注视他人，代表对晚辈的爱护、宽容，也可以表示对他人的轻慢、歧视。

仰视：目光向上注视他人，代表尊重和期待，适用于面对尊长之时。与人交往时，不要站在高处俯视他人，面对长辈和上级时，站在或坐在较低处仰视对方，往往会赢得对方的好感。

（三）目光注视的部位

（1）注视对方的双眼表示尊重。

（2）注视对方的额头表示严肃认真，公事公办。

（3）注视对方的眼部到唇部区域表示礼貌，尊重。

（4）注视对方的眼部到胸部区域，多用于亲密关系的男女之间表示亲密、友爱。

（四）目光的正确运用

初次见面时，应微笑点头或者握手问候，同时，要与对方保持目光的交流和微笑，以示尊重。

在面试场合，当考官提问的时候，我们要集中注意力与考官保持目光交流，在回答考官问题的时候，更要注意眼神交流，不仅表示互相尊重，更是真诚自信的体现。

在集体场合发言讲话时，要通过目光环视全场，表示"请予注意"。

在商务洽谈时，主宾双方应通过适宜的目光交流，调整洽谈的氛围，始终保持目光的接触，随着话题内容的变换，做出及时恰当的反应，能够使整个商务洽谈变得融洽、和谐、生动。

二、微笑

面带三分笑，礼数已先到。在日常交往当中，微笑是社交中一张无声的名片，是善良、友好、赞美的表示，是一种非常有魅力的社交表情包。富有亲和力的微笑可以拉近彼此的距离，创造出交流与沟通的良好氛围。

微笑是运用一种不出声的肢体语言传递信息的表情语，在人与人交往中，如果一个人经常面露平和欢愉的微笑，说明微笑之人的心情是愉悦的、充实的、乐观的。一个人面带微笑，表明对自己的能力有充分的自信，以不卑不亢的态度与人交往，会使人产生信任感，容易被他人尊重和接受。在职场当中保持微笑，也说明微笑之人对本职工作的热爱，恪尽职守。同时，微笑也可以创造一种和谐融洽的工作氛围，让他人感受到温暖和愉悦。尤其是对服务岗位的人来说，保持微笑就是一种最好的交际语言。因此，学习微笑尤为重要，我们要注意在微笑训练当中，运用正确的方法不断训练，使微笑变成一种习惯，学会面带微笑讲话，面带微笑倾听，面带微笑交流。

（一）微笑训练方法

（1）自拍式训练法。我们每个人在自拍的时候是最放松、最自信的状态，通过微笑自拍可以找到自己最满意的微笑，坚持微笑自拍可以笑得更加自然。

（2）三度微笑训练法。一度微笑（见图 3-2）是指嘴角微微翘起，做自然轻度微笑，表示友好情绪，适宜社交场合初次见面。二度微笑（见图 3-3）是指嘴角明显上弯，肌肉较明显舒展，表示亲切、温馨，适宜社交场合与熟人亲友间友谊性微笑。三度微笑（见图 3-4）需要做到口笑、心笑、眼笑，是一种眉飞眼笑的感觉。同时，我们在微笑时，要调动出自己的最佳情绪，脑海里想象着最开心的事情，我们就会找到这种眉飞眼笑的感觉。

（3）肢体动作训练法。在微笑的时候，我们微笑着说"您好，很高兴认识您！""早上好！""祝您生日快乐！""恭喜发财！"等，使用这些礼貌用语和祝福语，会让我们的脸上很自然地流露出真诚大方的微笑。

（4）情绪管理训练法。日常交往当中，我们应该把微笑变成一种习惯，我们要不断地运用微笑、品味微笑。做任何事情时，面带微笑，感到紧张时，面带微笑，这些方式都有助于缓解我们的情绪，释放压力，调理心情。

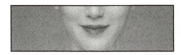  

图 3-2　一度微笑　　　　图 3-3　二度微笑　　　　图 3-4　三度微笑

任务实施卡

学习任务工单					
项目	项目三 职场仪态礼仪		任务	任务3.1 掌握社交表情包	
知识目标	1. 了解什么是宝贵的社交表情包; 2. 掌握目光的注视区域和微笑的训练方法。	能力目标	能够在各种场合灵活运用目光和微笑。	素养目标	能够提升个人的社交能力。
任务要求	1. 思维导图 　寻找生活中的榜样,你一定会在生活中遇到一些长者、同学和朋友,他们的目光和微笑让你感到亲切、适度,让你感到喜悦、温暖,让你感到美丽、潇洒和自在,他们的微笑一定有你可以学习参考的地方,请把他们当作榜样来学习。在小组中进行相关案例的分享,采用思维导图的形式讨论并记下让你感受良好的案例的场合、特征和感想。 　2. 实操练习 　结合知识准备中介绍的训练方法,以小组为单位练习目光中的公务注视和社交注视,练习三度微笑,并通过拍照的方式记录下来。 　3. 小组任务 　以小组为单位自编微笑操,可以配乐,动作和配乐要求欢快、得体、优雅,时长3～5分钟。上台表演后,小组互评并打分。				
任务实施记录					
任务考核评价	以小组为单位,分别结合所学的目光和微笑训练法进行操练。 1. 小组内部练习＋互评。 2. 小组上台展示,学生互评＋教师点评。				

任务 3.2　掌握体态礼仪

● 了解体态礼仪的重要性；
● 掌握站姿、坐姿、蹲姿、走姿、递物、手势的礼仪规范。

能 力目标

● 能够纠正自身体态存在的问题，提升个人体态礼仪。

素 养目标

● 能够提升个人的体态礼仪，要做到美观、自然、大方、稳重。

能 量小贴士

腹有诗书气自华。——苏轼

小 案例

案例一

你的站相，就是你的名片

人们常说，想知道一个瓜的好坏苦甜，可以看它的形状和色泽；想知道一匹马的气力，是良骥还是驽骀，就看它的神态和气息。人也如此，你的站相，就是你的名片。

我有两个律师朋友，林远和乔乔，她们大学一起读法律专业，毕业后又进入同一家律所工作。林远和乔乔都很专注工作，而且能力相当。但是在对形象打造上林远比乔乔上心很多。她认为律师是一个除了对专业要求非常高，对职业形象要求也很高的职业，需要给人可靠自信的印象。因此，她一直保持挺拔的身姿，即便再忙，晚上睡前也会做半小时的体态练习。她说："越是兵荒马乱的日子，越要体面，越要斗志昂扬。这是一种气势，也是一种仪式感。"而乔乔，在重压的工作下，整日低头看卷宗，得空就卧在桌子上，整个人无精打采，弯腰驼背。有一天，律所的金牌律师王律要选助理，在所有的新人中，只有林远和乔乔通过了前三轮竞选。

最后一轮竞选，由王律亲自考核。表面上看，她们能力相当，似乎都有机会。结果，林远入选了。乔乔愤愤不平："我明明业务考核不输林远，为什么落选的是我？"王律说："你们都很有潜力，但在我们这个行业，气场是一种不可或缺的能力，林远在这方面，更像一个专业的律师。"正所谓，站姿看出才华气度，步态看出自我认知，表情里有近来心境，眉宇间有过往岁月。

我们不会在一个哈腰驼背的人身上，感受到自信，但一个挺直腰板的人，总是会给人强大的精气神。就像日本作家木暮桂子说的："假如你养成挺胸抬头等乐观积极的习惯，你的整体形象将大幅提升。"

 思考

请你谈一谈体态礼仪的重要性。

案例二

"身体智商"

一天，王总监要向客户提交他和团队准备已久的方案。结果一早他就收到一个坏消息，原计划 30 分钟的提案，因为客户有其他安排，被缩减到了 10 分钟。这打破了王总监准备已久的计划，他立马焦虑了起来，膝盖僵直、下颌紧缩、肩膀紧绷，连呼吸也变得急促。

他在意识到自己紧张焦虑的情绪后，开始调整自己的状态：深吸一口气，肩膀往后一挺，直起了腰背。这时，神奇的感觉发生了，王总监忽然觉得内心充满了力量，不管多糟糕的事情，他都有能力应对。于是，他开始一步步思考解决问题的办法，安抚团队情绪。最终，方案得以顺利通过。克莱尔·戴尔曾说，"身体智商"高的人，能掌控身体、保持自律，继而掌控情绪；"身体智商"低的人，则会被身体所累。懂得控制身体，保持良好体态姿势的人，抗压能力更强，情绪也更稳定。即便遇到逆境，也能遇水架桥，逢山开路，不至于方寸大乱。你的站姿，藏着你的精神面貌。

 思考

什么是"身体智商"？

知识准备

一个人的举止动作实际上是一个人的教养、风度和魅力的体现。体态是指个人的举止和风度，神态和表情。在职场中，我们追求真善美，想成为一个成功的商业人士，就应当注重自己的仪态，高雅庄重的举止和神态是一种无声的语言，可以反映出一个人较高的礼仪修养。因此，我们要通过后天的学习，让我们的一言一行、一举一动都符合行为规范，展现出个人的气质和仪态修养。在职场中，我们的仪态要力争做到举止得体、举止适度，并保持一定的风度。

一、体态语言

作为无声的肢体语言，我们的行为举止在一般情况下被称为体态语言，简称体语。它包括三个方面的特点：一是具有连续性，其过程是连续不断、不可分割的；二是多样性，例如打招呼或问候，可以采用多种方式；三是辅助性与局限性。体语在人类的有声语言产生之后，一般就不再作为独立的交际表达手段了，而是作为语言表达的辅助手段来补充丰富的非言语信息。人的动作表情等体态语言，虽然有表情达意的作用，但远不像有声语言那样丰富。

（一）站姿

站姿是最容易表现人体态的姿势。站姿要做到挺拔坚定，给人以优美自然的感受。

站姿基本要点：头正、颈直、肩平、胸挺、腹收、腰立、臀收、腿直、腿靠、手垂。

1. 男士标准站姿

男士站立时，身姿要挺拔，下颌微收，双目平视，一般可采用两种站姿。

（1）第一种是"V"字形脚位，要求双膝并严，脚跟靠紧，脚掌分开呈"V"字形，双手自然下垂（见图3-5、图3-7）。

（2）第二种是平行脚位，要求双脚打开，与肩同宽，双手在体前相握，左手搭在右手上，贴在腹部（见图3-6、图3-8）。

图3-5　侧方式手位

图3-6　前搭式手位

图 3-7 "V"字形脚位　　　　　　图 3-8 平行脚位

2. 女士标准站姿

女士站立时，双脚脚位可成平行脚位、"V"字形脚位和"丁"字形脚位。

（1）平行脚位要领：双脚并拢，双手自然下垂成侧方式手位（见图 3-9、图 3-12）。

图 3-9 侧放式手位　　　图 3-10 前搭式手位　　　图 3-11 礼仪式手位

（2）"V"字形站姿要领：双膝和脚后跟尽量靠拢，两脚尖分开呈 30 度角左右，双手虎口相握，大拇指内收，右手搭左手放于小腹前（如图 3-10、图 3-13）。

（3）"丁"字形站姿要领：一脚在前，脚后跟靠于另一只脚的内侧，两脚尖分开呈"丁"字形，双手虎口相握，大拇指内收。右手搭左手放于小腹前（见图 3-11、图 3-14）。

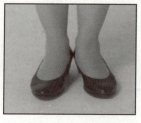

图 3-12 平行脚位　　　图 3-13 "V"字形脚位　　　图 3-14 "丁"字形脚位

"V"字形站姿适用于一般社交场合，"丁"字形站姿主要用于正式的商务接待。

3. 不同场合的站姿

（1）站着与人交谈时，如果手上没有拿东西，可以将右手搭左手上，放在体前交叉。手的位置有很多选择，可以自行对着穿衣镜训练，找出最优美的动作。只要不做作，一定可以从练习中找出最适合的姿态。但不能双手叉腰、双臂交叉或将手插在裤袋里，斜着脚站立；在交谈过程中，不要出现摆弄衣服、弄头发、咬指甲、抖腿等行为。

（2）与外宾交谈时，要面向对方站立，保持一定的社交距离，站姿要正，腰背挺直，切忌身体外斜，两腿分开，或者倚靠墙面。

（3）向他人做介绍或问候时，不论握手或鞠躬，双脚都应并拢，膝盖要挺直。

（4）我们在等候他人时，两脚的位置可一前一后保持45度夹角，这时的肌肉放松而自然，但仍要保持身体的挺直。

4. 正确的站姿表现为

头：下颌放平，双目正视对方；

肩：双肩自然放松并略向后倾；

腰：挺胸直腰，但肌肉不要收紧；

腹、臀：收腹，臀部夹紧略微向上收，但不要后撅；

臂：两臂放松，自然下垂于身体两侧；

腿：两腿均衡受力，保持身体平衡，脚跟并拢。

（二）坐姿

坐姿属于静态的体态礼仪。坐姿要舒适自然，端庄得体。入座时要做到轻、稳、缓，不要发出声响。从座椅的左后侧入座，入座和离座遵循左进左出的原则，通常不应坐满整个椅面，占据2/3的位置即可。

入座后，上身要挺直，头部端正，目视对方。在正规的商务场合，男士和女士都可以采取垂直式坐姿。男士也可以选择双膝分开式，但双膝的距离不要超过肩膀的宽度，双手可以自然地放在两条大腿上。同样，女士也可以采用前伸后屈式、双脚交叉式和双脚内收式坐姿。女士如果穿裙装，双腿务必保持并拢。女士的双手一般右手搭左手，放在大腿上。如果是与人交谈，可以身体略微向前倾，代表尊重和专注。

1. 男士标准坐姿

男士就座时，身体重心应该垂直向下，腰部挺直，两腿略分开，与肩同宽，双脚平放于地面，大腿与小腿成90度，双手打开或以半握拳的方式放在大腿上，可体现出男士的自信和豁达。

男生坐姿可采用垂直式或双膝分开式（见图3-15）。

图3-15　双膝分开式

2. 女士标准坐姿

女士就座时，要立腰、挺胸，上身自然挺直，面带微笑，双目平视，微收下颌，膝盖以上并拢，右手搭在左手上，置于大腿中部，若女性穿裙装入座，用手背将裙后稍拢一下，再轻缓入座。

女士的坐姿变化多样，可采用垂直式、双腿斜放式、前伸后屈式、双脚交叉式等（见图3-16、图3-17、图3-18、图3-19）。

图3-16　垂直式　　图3-17　双腿斜放式　　图3-18　前伸后屈式　　图3-19　双脚交叉式

（三）蹲姿

蹲姿是处于静态时的一种特殊体位。在日常生活当中，经常会用到蹲姿，如集体合照、弯腰蹲下拾物等场景。因此。蹲姿要做到得体大方、不走光。

1. 前高后低式蹲姿

图3-20　前高后低式蹲姿

这种蹲姿适用于所有人群。女士前高后低式蹲姿时，一只脚在前，一只脚在后，两腿靠紧向下蹲，前边那只脚全脚掌着地，小腿基本垂直于地面，后边那只脚脚跟提起，脚掌着地。后边的膝盖低于前边的膝盖，后膝内侧靠于前小腿内侧，形成前膝高后膝低的姿势，臀部向下，基本上以后边的腿支撑身体。男士下蹲时，跟女士蹲姿类似，小腿基本垂直于地面，两腿之间可以有适当距离。前高后低式蹲姿如图3-20所示。

2. 蹲姿禁忌

（1）女士使用蹲姿时，背后的上衣可能会自然上提，露出背部皮肤和内衣，很不雅观。

（2）不要面对他人直接蹲下，以免走光。

（3）不要蹲着休息，在公共场合是不文明的行为。

（4）不要两脚平行蹲下，这种蹲姿被称为"洗手间姿势"，很不雅观。

（四）走姿

走姿极为重要，走姿要平稳，做到行如风。它使人与人相互间自然地构成了彼此的审美对象。走姿的总体要求是做到轻松、矫健、优美、匀速。正确的走姿要求做到抬头挺胸，两眼平视前方，步数均匀，步幅合乎标准，讲究步韵。

1. 走姿的步幅

步幅指的是行走时两脚之间的距离。标准步幅是前脚跟与后脚间的距离，约等于自己的脚长。脚落地时的位置称为步位，一般来说，以两只脚所踩的是一条直线为标准。行走时脚踝要富有弹性，双肩自然向后打开，轻松地摆动双臂，双臂的摆动弧度在 15 度左右，与人平行走路时，速度不要太快，也不要过于缓慢，男士每分钟走 100 步左右，女士每分钟走 90 步左右，这样会显得有节奏和韵味。

2. 走姿基本标准

行走时，男士步态要稳定、矫健，女士要做到轻盈、优雅，双眼目视前方，身体保持正直，双肩自然下垂，两臂自然摆动，膝关节与脚尖正对前进方向，保持节奏感。走相千姿百态，只要与交际场合协调并表现出自己的个性，步伐就应该是正确的。走姿忌出现左右摇摆或摇头晃肩，忌走"外八字"或"内八字"。

3. 走姿禁忌

忌"内八字"和"外八字"，忌弯腰驼背、歪肩晃膀走路。

行走时不可以扭腰扭臀、大摇大摆，也不能东张西望、低头走路，更不要用眼珠斜视他人。

男士走路不要背手叉腰，有失风度，会显得萎靡不振。

（五）递物

递物与接物是日常生活中一个小小的举止动作，却能给人留下难忘的印象。递接物品的原则是尊重他人。双手递物或接物体现出对对方的尊重。如果在特定场合下或东西太小不必用双手时，一般用右手递接物品。

递物基本标准：

身体保持正直，双臂呈 90 度手心向上放在腰间，递送物品时，身体向前微倾，双臂向前推送，目视前方，保持带有亲和力的微笑和眼神（见图 3－21）。

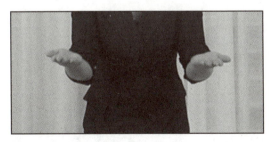

图 3－21　双手递物

（六）手势

手是礼仪接待中最重要的传播媒介，手势在职场中是不可缺少的礼仪动作，是最具有表现力的一种"肢体语言"。

1. 横摆式

手势基本要求：五指自然伸直并拢，掌心斜向上方，手掌与地面成 45 度角，腕关节伸直，手与前臂成直线，整个手臂略弯曲，弯曲弧度以 145 度为宜。注意整个手臂不可完全伸直，也不可呈 90 度的直角。做动作时，应以肘关节为轴，上臂带动前臂，由体侧自下而上将手臂抬起，头部面向手臂方向，面带微笑（见图 3－22）。

图 3－22　横摆式

2. 直臂式

手势基本要求：五指自然伸直并拢，掌心斜向上方，手掌与肩膀成 45 度角，腕关节伸直，手与前臂成直线，整个手臂垂直向上。做动作时，应以肘关节为轴，上臂带动前臂，由体侧自下而上将手臂伸直，面带微笑，头部看向手臂的方向（见图 3－23）。

图 3－23　直臂式

3. 斜臂式

手势基本要求：五指自然伸直并拢，掌心斜向下方，手掌与地面成 45 度角，腕关节伸直，手与前臂成直线，整个手臂垂直向下。做动作时，应以肘关节为轴，上臂带动前臂，由体侧自上而下将手臂下垂，头部面向客人，面带微笑（见图 3－24）。

图 3－24　斜臂式

体态礼仪是一张无形的名片，让人在最短的时间内认识并记住你，喜欢你并接近你，为你带来朋友、运气和成功。

任务实施卡

学习任务工单				
项目	项目三 职场仪态礼仪	任务	任务 3.2	掌握体态礼仪
知识目标	1. 了解体态礼仪的重要性； 2. 掌握站姿、坐姿、蹲姿、走姿、递物、手势的礼仪规范。	能力目标	能够纠正自身体态存在的问题，提升个人体态礼仪。	素养目标	能够提升个人的体态礼仪，做到美观、自然、大方、稳重。
任务要求	1. 小组讨论 （1）仪态为什么重要？ （2）为什么要反复练习规范的仪态礼仪？ （3）面对亲近的家人朋友需要注意仪态吗？ 2. 思维导图 请各自思考，在脑海中找到一位你认识的人，他/她风度翩翩、气质非凡，在小组中采用思维导图的方式，记录下他/她言谈举止的特点。 3. 小组实操任务 以小组为单位练习体态礼仪动作，要求动作规范到位，涵盖所有仪态礼仪内容，可以配乐。练习熟练后以"人体雕塑"的形式展示礼仪，小组互评并打分。			
任务实施记录				
任务考核评价	1. 以小组为单位讨论并记录要点，各小组派代表上台发言，阐明中心观点。 2. 小组内部练习＋互评。小组上台展示，学生互评＋教师点评。			

任务 3.3　掌握特殊的肢体语言

知识目标

- 了解什么是特殊的肢体语言。

能力目标

- 通过学习和练习，能够改善自身存在的失礼微动作。

素养目标

- 能够提升个人的体态礼仪，避免出现失礼的微动作。

能量小贴士

博学于文，约之以礼。——孔子

小案例

案例一：

小伍第六次面试成功了

　　刚刚大学毕业的小伍参加了 5 次公司的面试，均未成功。他认为自己并不比其他面试者能力差。他在大学期间成绩优秀，获得过院级奖学金，也取得了相关的职业技能证书，个人形象也算良好，为什么就没有成功呢？于是，他报名参加了形象培训课程，终于找到了症结所在：他每次参加面试的时候，都会不由自主地搓手，看看天，看看地，就是不敢正视考官的眼睛，哪怕是考官问他问题，他也不敢抬头，即使对视了也不会超过 5 秒钟，眼神也总是飘忽不定，让人怀疑他的诚意。经过形象培训课程的训练，小伍终于如愿以偿地找到了满意的工作。

 思考

小伍面试 5 次均未成功。经过多次训练后，小伍为什么能够如愿以偿呢？

案例二：

"抖"掉的好运气

张总经营的公司最近正在洽谈一项生意，如果这次生意能够谈成，张总的公司将获得丰厚利润。对方在初步的接洽后表明了合作意向，双方约定了进一步洽谈的时间。

到了这一天，张总为了显示自己的重视，西装革履地前去赴约。双方在洽谈过程中，张总感觉成功在望，踌躇满志，不免有些得意忘形，靠在椅背上，习惯性地抖腿。洽谈结束后，合作没有了下文，张总主动联系，对方也只是说有了新的合作对象。后来张总通过别人转述才知道，对方老总本来是对他的公司比较满意的，但在面谈过程中，张总的抖腿让对方打了退堂鼓。

思考

张总的好运气为什么会被"抖"掉了呢？

知识准备

在职场中，会时不时地遇到一些微小的失礼动作，这些失礼动作往往会使商务活动蒙上一层尴尬或难以启齿的阴影。

一、小动作

（一）撩头发

在社会交往中，女性撩头发被视为一种开放甚至是调情的暗示，男性撩头发也会给人一种不庄重的印象，往往显得轻浮或者不自然。在商务场合中，不要随意地撩动头发，以免给对方造成误解。另外还有人在紧张不安时会拂动自己的头发，给人一种拘束感。如果对方意识到这种拘束不安，会使场面更加尴尬。

（二）舔嘴唇

与其他身体语言相比，嘴唇的动作往往更容易被忽视。与人交谈时不时地舔嘴唇，会让人感觉到你在说谎或者紧张、不自信，进而对你产生不信任感。

（三）搓手

当人们处于压力与怀疑状态下时，往往会轻轻地用一根手指去摩擦另一只手的手掌，还会演变成十指交叉摩擦或紧扣。要解决这一问题，可以把手"占用"起来，如果你在参加会议，拿起纸笔记录是一个不错的方法。

（四）摸颈

有些人习惯在发表观点以后使用自己的手抚摸颈部，这一动作是在明显地暗示对方我的压力很大，不自信。此外，撕咬指甲、抓耳挠腮会给他人造成不好印象，让人质疑你的能力。

（五）抖动双腿

商务场合中，抖动双腿暴露了你的不安、焦躁和紧张，给人不自信之感，可以去端水杯喝口水或者深呼吸，缓解不安情绪。有些人在过于放松或者百无聊赖之际也会抖动双腿，给人一种不稳重、不端庄的印象。

这些肢体微动作都是隐形的标点符号，它们的共同特征是：太微小、无意识、难纠正、结果糟。

二、距离

距离的远近可以判断交际双方之间的亲疏关系。社交距离具有一定的伸缩性，不是固定不变的，主要取决于民族差异、文化背景、性别、地位、年龄、性格、情绪、环境等因素。

（1）一般安全距离应该保持在 45～90 厘米。这个距离适合一般朋友、同事、同学接触。比这个距离更近属于亲密距离，适用于亲子、恋人等亲密关系。

（2）90～150 厘米，适用于一般的商务场合。

（3）180 厘米或以上被视为"疏远"或"冷淡"，与陌生人之间保持这个距离会让人感觉到礼貌。

（4）在会晤或谈判等正式商务场合，双方应保持 210～360 厘米，会给人更加庄重的感觉。

（5）演讲、做报告和文艺演出时，上台者和观众之间应保持 360～750 厘米。

三、手势

正确的手势礼仪

我们的手是身体上最具表现力的部位之一，可以做出不同的手势，并帮助我们表达想法。在商务场合中，很多人不知道该如何正确地运用手势。无论是在演讲还是对话过程中，都可以通过手势来表达自己的想法和情绪。

手势是人们常用的一种肢体语言，由于各国文化的差异，手势的含义也千差万别，甚至同一手势表达的含义也并非相同，所以我们在使用手势时，要在正确理解的基础之上，恰当地使用。

不同手势含义

1. "OK" 手势

在我国，该手势表示 0 或者 3，而在其他国家，则代表着不同的含义。在美国、英国 OK 手势表示赞同、了不起；在法国表示零或没有；在泰国表示没问题，请便；在日本、缅甸、韩国表示金钱；在印度表示正确、不错；在突尼斯表示傻瓜；在巴西表示侮辱。

2. "V" 形手势

这个动作在世界上大多数地方表示数字，但也用它表示胜利 Victory。表示胜利时手掌向外；如果手掌向内，表示贬低。但是在希腊，手掌向外，手臂伸直也表示不恭敬。

3. 举食指的手势

在世界上多数国家表示数字 "一"。在法国表示 "请求提问"；在新加坡表示 "最重要"；在澳大利亚表示 "请再来一杯啤酒"。

4. 举大拇指的手势

在我国，伸出大拇指表示 "好" "了不起"；在意大利表示 "夸奖、赞赏"；在美国、英国、澳大利亚等国表示 "好、行、不错"；在希腊，拇指向上表示 "够了"，拇指向下表示 "讨厌、坏蛋"。但在生活中，拇指向上、向左、向右都有搭车之意。

在工作场合，我们很容易忽视身体语言所流露的信息。在初次会面的气氛里，身体语言的重要性更为显著。

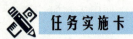 **任务实施卡**

	学习任务工单			
项目	项目三　职场仪态礼仪		任务	任务 3.3　掌握特殊的肢体语言
知识目标	了解什么是特殊的肢体语言。	能力目标	通过学习和练习，能够改善自身存在的失礼微动作。	素养目标	能够提升个人的体态礼仪，避免出现失礼的微动作。

任务要求	1. 头脑风暴 　以小组为单位讨论，并以头脑风暴的形式总结记录有哪些失礼的微动作，产生的原因是什么，应该如何避免。 2. 讨论 　可以向亲密的同事或朋友请教，让他们告诉你，你的哪些小动作是有损你个人形象的，你就可以有意识地去注意或避免。
任务实施记录	
任务考核评价	以小组为单位，完成头脑风暴和讨论，做到： 1. 问题回答内容全面，考虑仔细； 2. 自我总结切合实际，有实操性。

知 识拓展

肢体语言的秘密

经科学研究表明，一个人要向外界传达完整的信息，单纯的语言成分只占7%，声调占38%，另外55%的信息都需要由非语言的体态来传达。孩子在学会说话之前就可以用非语言表达自己，而且肢体语言通常是一个人下意识的举动，所以，它很少具有欺骗性。

部分肢体语言通常代表的意义：

眯着眼——不同意、厌恶、发怒或不欣赏。

走动——发脾气或受挫。

扭绞双手——紧张、不安或害怕。

正视对方——友善、诚恳、外向、有安全感、自信、笃定等。

避免目光接触——冷漠、逃避、不关心、没有安全感、消极、恐惧或紧张等。

搔头——迷惑或不相信。

笑——同意或满意。

咬嘴唇——紧张、害怕或焦虑。

抖脚——紧张。

向前倾——注意或感兴趣。

懒散地坐在椅中——无聊或轻松一下。

抬头挺胸——自信、果断。

坐在椅子边上——不安、厌烦或提高警觉。

坐不安稳——不安、厌烦、紧张或者是提高警觉。

手指交叉——食指与中指交叉，表示祝福或祈求好运。

轻拍肩背——鼓励、恭喜或安慰。

环抱双臂——愤怒、不欣赏、不同意、防御或攻击。

双手交叉抱胸——防御、不信任。

眉毛上扬——不相信或惊讶。

咬指甲——不安。

紧握自己的手——紧张。

任务 3.4　掌握礼仪规范动作

知 识目标

● 能够认真理解礼仪规范动作的动作要领。

能 力目标

● 能够结合音乐，展示全套礼仪规范动作。

素 养目标

● 能够提升个人的仪表仪态。

能 量小贴士

足容重，手容恭，目容端，口容止，声容静，头容直，气容肃，立容德，色容庄。——《礼记·玉藻》

小 案例

空姐的体态礼仪

或许在大多数人的印象中，空姐都是这样的：美丽，高端，有气质，高薪酬，高福利。但是在光鲜亮丽的外表之下，藏着很多常人难以想象的艰辛和苦楚。实际上，空姐的工作非常琐碎、繁杂，是日复一日的机械重复。

从仪态、动作、手势的训练，露八颗牙的标准微笑，到提供服务的站位，甚至简单如倒一杯水，背后都有严格的技术指标。

记得看过一则空姐训练的报道：头顶书本，嘴咬筷子，笔直站立一小时，是空姐的必修课。因为顶书本可以让学生更好地看到自己的站姿有什么不足，更好地掌握站姿的平衡度；咬筷子是因为客舱乘务员需要有更好、更亲切的微笑，筷子是非常好的辅助微笑的工具。就连递名片这个简单的动作，她们也要多次训练，直到整齐划一。

欲戴王冠，必承其重。

正是因为日复一日的坚持和重复，造就了他们优雅从容的仪表与气质，也让她们能在飞机遇险的时候，给予全体乘客一粒定心丸。

　　把每个空姐都打造成一撮火光，凝聚成不灭的信念火炬，众志成城下，才铸就了这份民航史上的奇迹！都说女性是柔弱的，但在这份柔弱中，有时候却蕴藏着坚不可摧的力量！

　　致敬空姐，致敬亦柔亦刚的女性，致敬那些同样"敬畏生命、敬畏职业、敬畏规章"的人儿！

思考

一个人仪表端庄、举止优雅，会给自身的事业带来怎样的影响？

知识准备

礼仪规范动作要点

礼仪规范
动作展示
（微课）

　　在职场交往中，也需要运用到许多肢体语言，我们在此设计了一套礼仪规范动作，便于同学们完整操练，做到知行合一、力行礼仪。具体的动作要点如下。

（一）垂直式站姿

　　垂直式站姿男女通用，要求做到头正、颈直、肩平、胸挺、腹收、腰立、臀收、腿直、腿靠、手垂。

（二）转身

　　身子正直向左转，注意扭头转身，面带微笑，两次左转之后，向后转。

（三）站姿

　　女士展示"V"字形脚位和"丁"字形脚位两种站姿，双手在体前相握，右手搭左手上，目视前方，保持微笑；男士展示"V"字形脚位和双脚分开位，双手在体前相握，左手搭在右手上，放在腹部前方，目视前方，保持微笑。站姿应给人挺拔、端庄、优美之感，展示一个人的良好风姿和自信。

（四）三种问候礼

　　点头礼：女士"丁"字形脚位站姿，男士双脚分开位站姿，目视对方，点头微笑说"您好"。

　　欠身：女士"丁"字形脚位站姿，男士双脚分开位站姿，以髋关节为轴，身体前倾15度，注意后背挺直成一条直线，不低头，目视对方，微笑说"您好"。

鞠躬：女士"丁"字形脚位站姿，男士双脚分开位站姿，以髋关节为轴，目视对方，先点头微笑说"您好"，再弯腰30度。

（五）递物礼

身体保持正直，双臂呈90度夹角，小臂平行于地面，手心向上，肘部放在腰间。递送物品时，面向接物之人，身体向前微倾，双臂向前推送，目视对方，保持有亲和力的微笑和眼神。

（六）手臂姿态：横摆式、直臂式、斜臂式。

横摆式：注意手指要有指向性，手臂到指尖应该呈弧形，给人自然优雅的感觉。

直臂式：手指的高度不高于眉毛，不低于髋部。

斜臂式：手掌与地面呈一夹角，不应平行于地面。

（七）蹲姿

前高后低式蹲姿，男女通用。在做蹲姿时，注意女士腿部不能分开，不可正对人下蹲，朝人一侧的腿高。

（八）握手

握手时，双方间距为70～90厘米，身体微微前倾，一般伸右手满握，肘部微屈，与对方虎口相握，握手时间不宜过长或过短，约保持3秒钟，力度七分，面带微笑，目视对方说"您好"。握手时注意手部清洁干爽，指甲干净。

（九）走姿

行走时，步高以不擦地为准，轻落地。

步幅一般是一脚距离。

正常步速约110步/分钟左右。

摆臂：行进中手臂必须摆动，手指微曲并拢，摆臂速度应配合步速，前摆30度，后摆15度，摆臂时手臂轻擦过体侧衣物。

脚位：女士两脚内侧始终在一条直线，男士两脚各踩一条直线。

身体重心保持稳定，不能左摇右晃，头正、背直、肩平、挺胸、收腹。

（十）坐姿

（1）女士坐姿主要包括：垂直式坐姿、双腿斜放式、前伸后屈式、双脚交叉式、双脚内收式。

（2）男士坐姿主要包括：垂直式坐姿、双膝分开式。

（3）坐姿要点：

① 一般从椅子的左侧入座及离座，落座后坐在椅背的2/3处；

② 女士如着裙装，可以在入座或起身时用一侧手背轻拂裙摆；

③ 坐在椅子上时手脚不应动来动去，但可以更换姿势；

④ 鞋底不可对人，这是很不礼貌的；

⑤ 女士双腿不要分开；

⑥ 动作轻、稳、缓，注意优雅、不毛躁。

任务实施卡

<table>
<tr><td colspan="6" align="center">学习任务工单</td></tr>
<tr><td>项目</td><td colspan="2">项目三 职场仪态礼仪</td><td>任务</td><td colspan="2">3.4 掌握礼仪规范动作</td></tr>
<tr><td>知识
目标</td><td colspan="2">能够认真理解礼仪
规范动作的动作要领。</td><td>能力
目标</td><td>能够结合音乐，展示
全套礼仪规范动作。</td><td>素养
目标</td></tr>
</table>

知识 目标	能够认真理解礼仪规范动作的动作要领。	能力 目标	能够结合音乐，展示全套礼仪规范动作。	素养 目标	能够提升个人的仪表仪态。

任务 要求	一、礼仪规范动作口令 基础站姿（双臂自然下垂） 微笑展示 女："V"字形脚位（双臂自然下垂）、"丁"字形脚位（手位：右手搭左手） 男："V"字形脚位、前腹式（左手搭右手） 转身：左转、左转、向后转 三种问候礼 （点头—欠身—鞠躬）说三遍"您好" 递物礼 手臂姿态 横摆式—直臂式—斜臂式 右手（两个八拍）左手（两个八拍） 蹲姿 前高后低式蹲姿 握手（面带微笑，目视对方说"您好"） 坐姿 男女：垂直式坐姿（三个90度） 女：双腿斜放式 女：前伸后屈式 女：双脚交叉式 女：双脚内收式 男：双膝分开式 走姿 二、具体要求 1. 以小组为单位，对着镜面，跟着音乐，训练礼仪规范动作； 2. 熟练记住礼仪动作规范的展示顺序； 3. 展示的全程都要做到面带微笑，自然大方； 4. 小组长记住动作口令，小组成员的礼仪规范动作标准、整齐，展现出良好的团队合作精神。

任务 实施 记录	序号	评价项目与内容	满分	得分
	1	目光、微笑的运用	10 分	
	2	站姿、走姿	10 分	
	3	脚位、手位	10 分	
	4	转身	10 分	
	5	三种问候礼	10 分	
	6	递物	10 分	
	7	手臂姿态	10 分	
	8	握手	10 分	
	9	蹲姿	10 分	
	10	坐姿	10 分	
		总计		

任务 考核 评价	训练后以小组为单位进行礼仪规范动作展示，小组结合礼仪规范动作打分表进行互评，教师点评。

知**识进阶**

一、单选题

1. 亲密注视适用于（　　）关系。

A. 商务交往 　　　　　　　　　B. 公务交往

C. 恋人 　　　　　　　　　　　D. 上下辈

2. 社交注视区域在（　　）。

A. 额头到双眼之间的区域之内 　B. 双眼到唇部

C. 双眼到鼻子 　　　　　　　　D. 双眼到胸部

3. 在商务场合，适用（　　）。

A. 平视 　　　B. 仰视 　　　C. 俯视 　　　D. 斜视

4. 仰视代表（　　）。

A. 平等 　　　B. 宽容 　　　C. 信任 　　　D. 敬仰

5. （　　）微笑给人一种眉飞眼笑的感觉。

A. 一度 　　　B. 二度 　　　C. 三度 　　　D. 四度

二、填空题

1. 女士站立时一般脚位采用＿＿＿＿＿或＿＿＿＿＿。

2. 男士坐姿两种：＿＿＿＿＿和＿＿＿＿＿。女士坐姿可采用＿＿＿＿＿、
＿＿＿＿＿、＿＿＿＿＿、＿＿＿＿＿、＿＿＿＿＿。

3. 商务距离在＿＿＿＿＿厘米到＿＿＿＿＿厘米之间。

4. 三种问候礼包括：＿＿＿＿＿、＿＿＿＿＿、＿＿＿＿＿。

5. 手臂姿态包括＿＿＿＿＿、＿＿＿＿＿、＿＿＿＿＿。

三、判断题

1. 前高后低式蹲姿仅适用于女性。（　　　）

2. 问候时，应在鞠躬的同时说"您好"。（　　　）

3. 乘坐电梯时感觉不适是因为人与人之间突破了安全距离。（　　　）

4. 正式的商务会谈时，双方距离应保持在90～150厘米，以示隆重。（　　　）

参考答案

5. 一般从椅子的左侧入座及出座。（　　　）

知**识拓展**

君 子 九 容

《礼记》第十三篇《玉藻》中记述古代礼制的"君子九容"："足容重，手容
恭，目容端，口容止，声容静，头容直，气容肃，立容德，色容庄。"

足容重：行走应持重，稳健。

手容恭：手势应该体现对人的尊重、恭敬。

目容端：眼神平和、亲善、端正，不可斜视。

口容止：谨言正念，不妄言事非。

声容静：声音要平静温和，不可大声喧哗。

头容直：身姿端正，头部不歪不斜。

气容肃：呼吸时平和宁静、肃然端庄。

立容德：站立时应不倚不靠，保持中立，表现出道德风范。

色容庄：衣着、发饰及妆容皆朴素端庄，神色端庄得体。

项目四　交往礼仪

任务 4.1　掌握称呼礼仪

知 识目标

● 掌握职场交往中称呼的方式。

能 力目标

● 能够掌握称呼的礼仪技巧。

素 养目标

● 培养学生塑造良好的第一印象。
● 培养学生自觉地维护个人形象。
● 培养学生的基本人际交往能力。

能 量小贴士

没有礼貌的人，就像没有窗户的房屋。——维吾尔族谚语

小 案例

在我国，"小姐"这个称呼可能会产生很多歧义，但是称呼年轻女性为"小姐"是国际惯例。由于各种原因，现在"小姐"在我国大城市已经是一个遭人讨厌的称呼了。《法制晚报》曾在王府井路口随机调查了 60 名 18～35 岁的女性。调查显示，有近四成的被访者表示，不喜欢"小姐"这个称呼。其中，20%的受访者表示对这个称呼不喜欢，但是不会显露出来；10%的受访者对于这个称呼反感，表示会当场纠正。

在礼仪界有这么两个词："入乡问俗"和"入乡随俗"。广州礼仪高级培训师、广州礼仪网创办人王春芝建议：到一个陌生的城市后，应学会他们的礼仪

习俗。比如，在东北一些地方，对女性的称呼用"姑娘""大妹子"等。

北京大学社会学教授夏金鎏则认为，在具体环境下怎么称呼也可视实际情况而定，根据对方的职业来称呼也是一个不错的选择，特别是在餐厅、酒吧等场所，"服务员"比"小姐"更为准确。

思考

（1）谈谈你对称呼的理解。

（2）你会称呼别人吗？

称呼礼仪

知识准备

称呼

称呼指的是人们在日常交往中，所采用的彼此之间的称谓语。正确的称呼是通往交际大门的通行证。所以一声充满感情得体的称呼，不仅能够体现出待人礼貌的真挚情感，同时还会令他人感到亲切愉快。

称呼多用在交往开始时，用称呼表达对人的尊敬，是交往礼仪的基本要求。"夫礼者，自卑而尊人。"（《礼记·曲礼》）在中国传统文化里，处处体现着对己谦、对人敬的理念，这也正是我国传统美德的一种体现。

（一）称呼的方式

一般可分为生活中的称呼和工作中的称呼。在工作岗位上，人们彼此间的称呼是有其特殊性的。总体要做到庄重、正式、规范。

1. 泛称呼

对于一般陌生人或不熟悉的对象，我们可以使用泛称呼，它适用于各类被称呼者，例如先生、女士、小姐等。一般而言，未婚女性称小姐，已婚女性称夫人或太太。

2. 姓名称呼

这种称呼方式适用于年龄、职务相仿者，或者是同学、好友之间。在职场中，例如美国上下级之间是称呼名字的，可以增加彼此之间的亲切感，提高团队合作效率。

3. 职务称呼

在职场中，我们更喜欢使用职务进行称呼，在正式场合，尤其是在与外界的交往中，此类称呼最为常用。例如上下级之间，我们可以用姓＋职务的称呼方式，如张董事长、王总经理、王总、刘主任等。

4. 职称称呼

在社交场合，对于具备技术职称者，可以通过直接称呼其技术职称的方式表示尊重，如李经济师、张会计师、王教授等。

5. 职业称呼

在社交场合，直接称呼对方的职业名称是符合社交礼仪规范的，像老师、医生、律师、会计，我们可以称呼李老师、王医生、张律师、马会计等。

6. 学位称呼

一般情况下，我们只使用高学位进行称呼，比如博士，这种方式有助于增加被称呼者的权威性，如法学博士某某某。

（二）称呼的注意事项

1. 不可乱用生活中的称呼

在职场中，不要乱用生活中一些庸俗的称呼，例如亲爱的、宝宝、美女、帅哥等，这样会给人很轻浮的感觉。

2. 不可过于随便地称呼

作为职场新人，千万不要使用太过随意的口吻称呼他人，例如"小王、老刘"。

3. 不可使用绰号进行称呼

在任何情况下，当面以绰号称呼他人，都是不尊重对方的表现。

4. 注意特殊姓氏的称呼

例如欧阳（复姓），不能称呼为欧先生；有些姓是多音字，在姓氏当中不要念错。

5. 注意称呼的语音禁忌

如果遇到一些称呼方式会出现语音禁忌的情况，例如"符总"其实不是副总经理，而是总经理，这时我们要灵活变通，直接用总经理即可。

（三）称呼的小技巧

1. 主动介绍自己，以换取对方的信息

在职场中，尤其作为职场新人，我们要学会主动与对方问候，可以使用"请问该如何称呼您？"；可以告诉对方你希望对方的称呼方式，如"大家好，我是××老师，大家可以叫我××老师"等，以换取对方的信息，为双方进一步的沟通打下基础。

2. 先向同事打听，再与对方交流

在某些情况下，如果我们想认识他人，直接自我介绍可能会有些仓促。可以先向他人打听一下，例如，"那位穿着深色西装的老者是谁？"通过侧面打听的方式，再进一步建立与对方的联系。

3. 根据对象场合不同，灵活恰当地称呼对方

在职场中，不提倡使用过分亲密或者生疏的称呼。根据我国的传统礼仪，称呼他人的亲属时也应当用敬称，用得最为广泛的是以"令""尊""贵""贤"等构成的一系列敬称。例如，在日常交往中，称对方的父亲为"令尊"、母亲为"令堂"、哥哥为"令兄"、弟弟为"令弟"、儿子为"令郎"、女儿为"令爱"等。因此在我国，建议不要用名字称呼你的上级或长辈。

4. 要想方设法记住别人的名字

美国前总统富兰克林·罗斯福说过："记住别人的名字是一个最简单、最有效，也是最实用的取得别人好感的方法。"因为每个人都会对自己的名字感到骄傲，中国人特别重视自己的姓名，如果别人记住你的名字，会感到被尊重。在商务会谈中也会遇到同时与许多人碰面的场合，我们可以把名字和人物的某些特征进行关联。例如：可以按照座次的顺序依次摆放名片，在心里默记对方的名字，还可以在沟通前先看一下对方的名片。

在遇到某些人时可能会有认不出的情况，如果出现这样的尴尬，我们要及时道歉。完美的道歉也是人际交往中建立关系的法宝。

任务实施卡

学习任务工单				
项目	项目四 交往礼仪	任务		4.1 掌握称呼礼仪
知识目标	掌握职场交往中称呼的方式。	能力目标	能够掌握称呼的礼仪技巧。	素养目标	1. 培养学生塑造良好的第一印象；2. 培养学生自觉地维护个人形象；3. 培养学生的基本人际交往能力。

说明：上表"素养目标"一栏为合并显示。

任务要求	**1. 讨论** 在商务场合，如果你同时跟很多人碰面，如何记住对方的名字？如果你不小心记错了对方的名字，该如何做？请给出合理的建议。 **2. 情境模拟** 一次，你陪同公司领导一同参观一家汽车企业的车间，该企业的领导和陪同人员热情招待，见面时对方相互做了简单的介绍，由于人数较多，你的领导一时间记不住对方接待人员的名字和职位，作为领导助理，你应该如何自然及时地提醒领导，避免出现叫错的尴尬？请以小组为单位，设计情境对话，并进行商务接待的情境表演。
任务实施记录	
任务考核评价	1. 以小组为单位进行讨论和情境模拟练习，老师挑选小组成员上台展示； 2. 小组互评＋教师点评。

任务 4.2　掌握介绍礼仪

- 了解自我介绍的方法、次序和注意事项；
- 了解介绍人的礼仪、介绍他人的姿势、次序和方法；
- 了解被介绍人的礼仪；
- 了解团队介绍礼仪；
- 了解业务介绍礼仪。

能力目标

- 能够掌握自我介绍及介绍他人的技巧。

素养目标

- 培养学生塑造良好的第一印象；
- 培养学生自觉地维护个人形象；
- 培养学生的基本人际交往能力。

能量小贴士

将不可骄，骄则失礼，失礼则人离，人离则众叛。——诸葛亮

小案例

案例一：

知名的哑剧大师、喜剧表演艺术家王景愚的自我介绍

"我就是王景愚，表演《吃鸡》的那个王景愚。人称我是多愁善感的喜剧家，实在是愧不敢当，只不过是个'走火入魔'的哑剧迷罢了。你看我这40多公斤的瘦小身躯，却经常负荷许多忧虑与烦恼，而这些忧虑与烦恼，又多半是自找的。我不善于向自己所敬爱的人表达敬与爱，却善于向憎恶的人表达憎与恶，然而胆子并不大。我虽然很执拗，却又常常否定自己。否定自己既痛苦又快乐，我就生活在痛苦与快乐的交织网里，总也冲不出去。在事业上，人家说我是敢于拼搏的强者，而在复杂的人际关系面前，我又是一个心无灵犀、半点不通的

弱者，因此在生活中，我是交替扮演强者和弱者的角色。"

思考

王景愚的自我介绍对你有何启发？你会自我介绍了吗？

案例二：

介绍他人的事例

邢总，您好，我向您介绍一下，这位是鼎力人力资源公司的张强经理。他可是能力强、路子宽、资源多、实权派的人，如果需要帮忙时可以找他。

各位请注意，我给大家来介绍一下，这是我的铁哥们儿王东，开小车的，他可是经验丰富，熟悉各条路线，而且精明能干，我们都叫他"东方不败"。

思考

（1）以上的介绍他人各存在什么问题？

（2）在社交场合中，介绍他人时需要注意哪些礼仪和语言规范？

知识准备

一、自我介绍

自我介绍

（一）自我介绍的含义

自我介绍是日常工作中与陌生人建立关系、打开局面的一种非常重要的手段，因此，自我介绍就是让自己通过自我介绍得到对方的认识，甚至认可的一种非常重要的职场技术。

（二）自我介绍的方法

自我介绍的时候是正式亮出身份，告诉别人你是谁的关键时刻。因此，要使用恰当的方法、顺序和分寸。自我介绍有五种常见的方法。

1. 应酬式

应酬式自我介绍仅仅包含介绍自己的姓名这一项内容。这种方式适用于某些公共场合和一般性的社交场合，例如旅行中、宴会里和电话礼仪中。例如：您好，我叫×××。

2. 公务式

公务式自我介绍主要适用于正式的因工作而交际的场合。主要内容包括本人的姓名、工作单位及部门、职务或从事的具体工作等。例如：您好，我叫×××，是××××大学的一名教师。

3. 沟通式

沟通式自我介绍适用于一切社交场合，主要内容除了自己的姓名、工作单位以外，还可以提及籍贯、学历、兴趣以及对方某些熟人的关系。例如：您好，我叫×××，是××××大学的教师，我和您的夫人是同事，我们是老乡，都是洛阳人。

4. 礼仪式

礼仪式自我介绍适用于讲座、报告、演出、庆典、仪式等一些正式隆重的场合。介绍内容包括姓名、单位、职务、适当的敬语。例如：亲爱的各位来宾，大家好，我叫×××，是××××大学××××专业的一名教师，我代表本团队热烈欢迎大家光临我们的课程发布会。

5. 问答式

问答式自我介绍适用于面试、应聘和公务交往中。主要采用一问一答的方式进行交流。例如：

考官：您好，欢迎来参加我公司的面试。请简单地自我介绍一下。

面试者：各位考官，早上好。很荣幸能来参加贵公司的面试。我叫×××，毕业于××××大学××××专业……

考官：好的，请问你如何评价自己？

面试者：在大学期间，我认真学习各门专业课程，成绩优异，做任何事情我对自己都会严格要求，实事求是。

……

在社交场合进行自我介绍时，要根据不同的交往对象采取不同的介绍方式。在社交场合把自己介绍给领导、长辈和名人认识时，态度要从容自信，肢体语言要表达到位，介绍时目光要和善、专注，保持自然亲切的微笑，语言要谦恭、有礼。

（三）自我介绍的次序

在礼仪的世界里，次序很重要。自我介绍时，遵循"尊者有优先知情权"的原则。例如晚辈向长辈自我介绍，下级向上级自我介绍。

（四）自我介绍的注意事项

（1）把握好介绍时的时间点。

（2）把握好介绍时的面部表情。自我介绍时，应面带微笑，充满自信，保持大方自然的态度，用眼神表达尊重和诚意。

（3）把握好介绍的语音、语速和语调。自我介绍时，吐字清晰，做到自然、适中、和谐，让对方产生好感，并留下良好的第一印象。

（4）把握好介绍时间的长短。应酬式的自我介绍应做到言简意赅，礼仪式的自我介绍一般不超过三分钟。

（5）自我介绍时，应将自己的姓名和身份说清楚。

二、介绍他人

他人介绍

为他人做介绍，是帮助两个陌生人认识彼此的重要开端，是双方沟通开始的桥梁。在商务场合，恰当地介绍他人对同事、客户或者其他一些商务关系都有重要的意义。

（一）介绍人的礼仪

1. 谁做介绍人

介绍人一般由社交活动中的东道主，社交场合的长者，家庭聚会中的女主人，以及公务交往中的专职人员如文秘、公关、办公室接待人员等担任。此外，商务活动中的地位身份较高者、主要负责人、熟悉双方情况者都可以作为介绍人。

2. 介绍人的姿势

介绍人在为他人做介绍时，除了语言表达以外，还应灵活运用手势动作。介绍时，应做到手心向上，四指并拢，拇指张开，胳膊略向外伸，指向被介绍的一方，并向另一方微笑介绍。

3. 介绍他人的次序

介绍他人的次序遵循"尊者有优先知情权"的原则。如：把职位低者介绍给职位高者，将晚辈介绍给长辈、男士介绍给女士、同事介绍给客户，将主人介绍给客人，将家人介绍给客人、同事或朋友。

注意：如果符合其中以上的两个顺序，我们要遵循"职位高于年龄，高于性别"的原则。

4. 介绍他人的方法

介绍他人时，应恰当地体现出被介绍人的优势和特色。介绍他人的具体方法如下。

（1）简单式：适用于一般的社交场合，只需要介绍双方的姓名。例如：我来介绍一下，这位是乔珊，这位是苏鹏。

（2）公务式：介绍双方的姓名、单位、职务。适用于正式的商务场合。

例如：请允许我为两位介绍一下，这位是 A 公司工程部博士彭鑫彭博士，这位是 B 公司人事部经理马苏马主任。

（3）推荐式：经过精心准备，对对方的优点加以重点介绍，也适合比较正式的商务场合。例如：这位是彭先生，这位是马经理，彭先生是留学德国的工程学博士，马经理，我想您一定有兴趣与他聊一聊。

（4）礼仪式：最为正规的一种商务介绍，其语气表达称呼都更为规范和谦恭。例如：马女士您好，请允许我把 A 公司的工程部主任乔博士介绍给您，乔先生，这位是 B 公司人事部经理马苏女士。

（二）被介绍人的礼仪

当我们被他人介绍时，我们应热情大方面带微笑，正面面对对方。介绍完毕之后，可以点头或握手，可以说"您好，很高兴认识您！""久仰大名，幸会幸会。"如果有必要，还可以交换名片。

（三）介绍团队的礼仪

1. 单向式

单向式是指一个人向多人进行介绍，只需把个人介绍给团体，而不必把团体里的每一个人再介绍给个人。

2. 双向式

应先由主方负责人介绍，再由客方负责人出面介绍。先由主方负责人出面，依照主方在场者具体职位的高低，自高而低地依次对其进行介绍，再由客方负责人出面依次进行介绍。

介绍是一门学问，是进入社会交往的一把钥匙。如果能在介绍他人的时候，恰当地、实事求是地体现出被介绍者的优势和特点，不仅会让对方印象深刻，被介绍者也会记住你、感谢你。

（四）业务介绍礼仪

随着经济全球化的快速发展，在商务交往中经常需要向来访企业领导介绍本企业的规模、主要产品、服务以及经营范围等内容。作为业务介绍人员，能够熟练而恰当地运用专业知识和礼仪，将对企业的业务拓展产生事半功倍的效果。

1. 业务介绍的时机

在与对方开展商务洽谈时，可以在合适的机会把业务介绍植入洽谈活动中。例如，当客户对此业务产生兴趣并主动询问情况时，可以开展业务介绍。

2. 业务介绍的方式

在开展业务介绍时，介绍人员应把握分寸，有礼有节，掌控时间。要突出产品的创新点和优势，例如将本企业开发的产品在同类产品当中进行比较分析，用数据说话，展现出产品的质量、产品服务的独特之处，并对未来产品的发展趋势进行展望。

任务实施卡

学习任务工单				
项目	项目四 交往礼仪	任务		4.2 掌握介绍礼仪
知识目标	1.了解自我介绍的方法、次序和注意事项； 2.了解介绍人的礼仪、介绍他人的姿势、次序和方法； 3.了解被介绍人的礼仪； 4.了解团队介绍礼仪； 5.了解业务介绍礼仪。	能力目标	能够掌握自我介绍及介绍他人的技巧。	素养目标	1.培养学生塑造良好的第一印象； 2.培养学生自觉地维护个人形象； 3.培养学生的基本人际交往能力。
任务要求	1. 请同学们分别用应酬式、公务式、沟通式、礼仪式和问答式做自我介绍 2. 情境模拟 情境 1：王晓婷和朋友朱欣茹一起去听中央美术学院张教授的一场艺术讲座，朱欣茹对讲座的内容非常感兴趣，想向张教授进一步请教和交流。由于张教授给王晓婷上过课，认识王晓婷，因此朱欣茹想让王晓婷在讲座后把自己介绍给张教授。 问题：如果你是王晓婷，你会怎样介绍两人认识？ 情境2：在一次商务宴请上，A 公司的李总想要认识 B 公司的张总。如果你是介绍人，请你用公务式和礼仪式进行介绍。 3. 创意题 请运用双向式介绍法介绍两个商务团队认识，并在企业参观过程中抓住时机，对产品展开业务介绍，场景不限，内容合乎介绍礼仪规范。			
任务实施记录	1. 请写出创意题的对话内容。 2. 介绍礼仪打分表。 表格如下：			

评价项目与内容		满分	实际得分
整体评价	介绍礼仪的重要性	10	
	商务介绍礼仪的方式与技巧	10	
自我介绍	自我介绍的时机	10	
	自我介绍的方式	10	
为他人介绍	为他人介绍的顺序	10	
	为他人介绍的方式	10	
集体介绍	集体介绍的顺序	10	
	集体介绍的方式	10	
业务介绍	业务介绍的熟悉程度	10	
	业务介绍的方式	10	
合计			100

任务考核评价	1. 请大家按照任务要求，以小组为单位，完成讨论和实操练习； 2. 练习之后，老师请小组同学上台展示，根据介绍礼仪打分表进行小组之间互评，教师进行点评。

任务 4.3 掌握相见礼仪

知识目标

- 了解常见的见面礼；
- 掌握职场交往中的问候、握手礼、拥抱礼；
- 掌握涉外礼仪中的问候方式。

能力目标

- 能够掌握问候、握手礼和拥抱礼的技巧。

素养目标

- 培养学生塑造良好的第一印象；
- 培养学生自觉地维护个人形象；
- 培养学生的基本人际交往能力。

能量小贴士

上善若水，厚德载物。——老子

小案例

案例一：

"握手说"

一位中国知名的盲人作家说过一段话："我接触过的手，虽然无言，却极有表现性。有的人握手能拒人千里，让我感受到的只是他们冷冰冰的指尖，就像和凛冽的北风握手一样。而有些人的手却充满阳光，当我和他们握手时，能使人感到温暖、亲切。"

可见，握手不仅是相互间传递情谊、联络沟通的手段，从中还可透露出对方的心态及性格特点。

思考

（1）你是如何理解握手的？
（2）你掌握握手礼仪了吗？

案例二：

以握手判断取舍

上海一家大公司以年薪 60 万美元的待遇招聘一位重要的工程师。该公司有关部门经过再三考核，最终筛选出两名候选人。因为这两名人选各方面的条件旗鼓相当，公司难以定夺。于是，经办人就向老板做了汇报。老板表示："下星期一上班时，请他们两位来，让我面试。"

周一一上班，经办人就将这两位候选人的两本详细材料呈送给了老板。老板喝完咖啡，没看材料就让经办人传唤候选人来面试。经办人颇感惊讶地提示老板："您是否先看一下材料？"老板果断地说："不用了，你就去叫他们进来吧！"

两位候选人先后进来，都经过握手后，简单地聊了几句。然后，老板当即表态，决定录用第一位面试者。事后，经办人问老板："您连材料都没看，怎么这么快就做出决定呢？"老板回答说："我是通过握手的感觉来做出选择的。"老板看到手下人感到诧异，就做了说明："第一位和我握手时，我感到他的手比较温暖，握手时用力适当，再加上他的谈吐自然，给人一种充满自信、具有亲和力、身体健康的感觉；而第二位和我握手时，他的手冰凉、出冷汗，握手时无力，稍带颤抖，给人的感觉显得拘谨、矜持，身体不够健康。"经办人再翻阅这两人的材料，果然发现第一位身体健康、性格开朗，而第二位确实患有高血压症，而且性格内向。

思考

（1）你认为见面时的握手能决定成败吗？

（2）在社交场合，如何让握手体现出你的自信和诚意呢？

知识准备

会面礼仪是日常社交礼仪中最常用与最基础的礼仪。人与人之间的交往都要用到会面礼仪；掌握会面礼仪，能给客户留下良好的第一印象。

在职场交往中，我们需要会见各种各样的人，在会面时要表示对对方的尊重和友好，就要讲究基本的会面礼节。会面礼仪是指在与他人会面时应当遵循的礼仪规范和行为准则，主要包括问候、握手、拥抱礼等礼仪形式。

一、问候

问候是一种礼貌，是一种修养，是一种生活中的礼仪形式，和你是否认识他没有关系。其实，在国外见面打招呼是一件很自然的事情，即使是不认识的人，也会热情地相互问候。无论遇见什么人，当对方面带微笑，热情主动地和你问候时，你都会拥有好心情。因此，在职场中，无论上下班还是接待客人，都要礼貌问候。

（一）问候的定义

所谓问候，就是问好、打招呼，是在和别人相见时，以语言或动作向对方致意的一种方式。

（二）问候的次序

问候礼仪

1. 单人问候

单人问候讲究的原则通常是位低者先问候。作为职场新人，见到职场的老员工以及客户都应该主动问候。

2. 多人问候

多人问候的方式有很多，可以直接使用"大家好！"，也可以逐个问候，遵循"由尊而卑，由长而幼"的次序。开会时，需要多人问候就可以采用"由远而近"的方式进行问候。

3. 问候的态度

问候是敬意的一种表现，在问候时，要做到尊重，越是正式的场合，越要重视这一点。

（1）要主动。主动打招呼，更能说明你有宽广的胸怀和积极的态度。"主动"是每一位职场新人首先要拿出的态度。

（2）要微笑。问候时要热情、大方。微笑本身就是一种打招呼的方式，会给对方留下自信、热情的印象。

（3）要专注。在向对方问候时，身体应面向对方，看着对方的眼睛，面带微笑，做到口到、心到、眼到。

4. 问候的方式

常见的问候方式包括口头问候、书信问候、电话问候、贺卡问候等。在商务场合中，一般分为语言问候和动作问候。

（1）语言问候。

语言是最直接的问候方式，接收者可以从你的礼貌语言中感受到你的真诚和友善。在职场中，常用的语言问候表达有：

您好/早上好。

最近怎么样？

最近忙吗？忙什么呢？

如果对方说挺忙的，你可以注意接下来的回应。

如果是关系好的同事，你可以追问："您去哪里？"

如果是关系一般的同事，你可以说："你要注意身体呀。"

在不同国家，语言问候的内容也有所不同。如英国人见面常说："今天天气不错啊！"北京人见面常说："您吃了吗？"这些表达其实都是在向对方致意。

（2）动作问候。

在会面时，除了使用得体的问候语言，我们也可以通过动作问候来传递礼节。例如点头礼、微笑礼、招手、握手、拥抱礼等。

需要注意的是，语言问候越简单越好，动作问候要符合当地文化特点。

二、握手礼

握手礼仪

握手礼是地球上使用最频繁的见面礼。正确的握手可以体现出自身的修养和对对方的尊重。

（一）握手次序的讲究

在商务场合中，职位身份决定了握手时伸手的先后顺序，而在社交或休闲场合，主要取决于年龄、性别和婚姻状况。

握手次序的总体原则是优先决定权在尊者，也就是说尊者先伸手。

在迎接客人时，主人先伸手表示热情欢迎。在客人告辞时，客人先伸手表示再见。在社交场合，一般男女之间握手，女士先伸手。如果女士没有伸手，男士可以通过点头或微微致意的方式进行问候。在正式商务场合强调的是男女平等，因此男女都可以主动发起握手。

（二）握手的方法

握手的方法要点：姿势、神态、手位、力度、时间。

握手时，四指并拢，虎口相交，拇指张开与对方相握，上下晃动三到四次。在商务场合当中，男女握手可以握全掌，避免"死鱼式"握手。

握手手位：单手相握，注意手掌垂直于地面，表示不卑不亢。

双手相握：这种方式适合于久别重逢的亲朋故友。

握手的时间：因人、因地、因情而有所区别，一般控制在 3 秒以内。例如老朋友或关系亲密的人，可以控制在 20 秒以内。

握手力度：可以跟对方的力度保持一致，力度七分。

（三）握手的时机

（1）在正式场合与人相识时和道别时。

（2）被介绍给他人时。

（3）遇见久未谋面的熟人时。

（4）向客户辞行时。

（5）应邀参加会议时。

（6）在外面偶遇同事、朋友、客户或上司时。

（7）自己作为东道主迎送客人时。

（8）感谢他人的支持和鼓励时。

（9）对他人表达肯定和理解时。

（10）在他人遭遇挫折或不幸表示安慰时。

（11）自己向他人表示恭敬和祝贺时。

（12）自己向他人赠送礼物或颁奖时。

（四）握手的注意事项

（1）即便握手先后顺序有误，也要与对方握手，不要拒绝握手。

（2）在阿拉伯，印度、东南亚等国家认为左手是不干净的，因此不要用左手握手。

（3）握手时，不要交叉握手，不要坐着握手，不要戴手套、墨镜、帽子握手。

握手礼是一个并不复杂却十分微妙的礼节，我们应该礼貌待人，自然得体地运用握手。

三、拥抱礼

拥抱礼仪

蒲柏曾说过："人就像藤萝，它的生存靠别人的东西支撑，他拥抱别人，就从拥抱中得到了力量。"拥抱被认为是人与人之间距离感最近的一种行为。

在中国，很多情感都需要通过拥抱礼来传递。母子之间拥抱，代表爱与被爱；情侣之间拥抱，代表幸福、甜蜜；夫妻之间拥抱，代表宽容、理解；朋友之间拥抱，代表信任、贴心；吵架后的拥抱代表妥协与原谅；相逢后的拥抱代表思念与激动；离别前的拥抱代表不舍与期待。

在西方，尤其在一些欧美国家商务交往中，可能第一次见面用握手表示居多，但第二次见面时，迎接的礼节很可能是拥抱。因为拥抱礼、握手礼同等重要。

随着我国外交的深入，在很多商务活动当中，与外国人打交道的机会也越来越多，因此，我们要了解正确的拥抱礼仪和禁忌。

（一）拥抱的方式

正确的拥抱礼仪动作：左脚在前，右脚在后，左手在下，右手在上，左手环对方右腰部位，右手环对方左肩部位，贴右颊。

异性之间的拥抱，要注意距离，胸口不贴，口红无蹭。

（二）行拥抱礼时需要注意的问题

（1）礼节性的拥抱，双方身体不用贴紧，控制拥抱时间，不能用嘴去亲吻对方的脸颊，同时也不能离得太近，不能翘臀。

（2）在正式外事接待场合，行拥抱礼都为男士，对女士不宜行此礼，而应改为行握手礼。

（3）在与外宾行使拥抱礼时，应事先了解对方是否喜欢此种礼节，不可贸然行使，如对英国人、芬兰人、印度人、日本人等都不适合使用拥抱礼。

（4）拥抱时不能双手抱住对方的腰部，或者搭在对方的肩上，这是不符合礼仪规范的。

美国人、俄罗斯人、南斯拉夫人性情豪爽，感情奔放，常在公众场合使用拥抱礼；南斯拉夫人的拥抱被称为熊式拥抱；在西班牙，男人见面时有拥抱肩头的习俗；在埃塞俄比亚，互相搂住对方的肩头，让对方的脸颊频频相碰。

拥抱是无声的语言，为了表达尊重、真诚和关爱。因此，拥抱就代表的是最简单的接受与认可。

四、常见的涉外见面礼仪

涉外礼仪，是涉外交际礼仪的简称。即，中国人在对外交际中，用以维护自身形象、对外交往对象表示尊敬与友好的约定俗成的习惯做法。

因东西方的文化差异，各国、各民族、各地区的历史文化传统和风俗习惯的不同，人们在见面的时候所行的礼节也往往千差万别。因此，在涉外礼仪交往中见面礼做到入乡随俗，会给对方留下美好的第一印象，也会体现出施礼者的良好素养。

（一）东方礼节

1. 鞠躬礼

鞠躬礼源自我国的商代，是一种古老而又文明的郑重礼节，表示对他人的尊敬，这种礼节一直流传至今。如今，鞠躬礼在东南亚国家，尤其是在日本、韩国、朝鲜非常盛行。

鞠躬礼主要是用于庄严肃穆或喜庆欢乐的仪式，又适用于普通的社交和商务活动场合。在职场中，如举办大型会议论坛时，个人与群体之间的见面礼不可能逐一进行，采用鞠躬的方式代替握手，这样既能体现出恭敬之心，又节约时间。此外，鞠躬礼还常用于婚丧典礼、演员谢幕、演讲、领奖等场合，以及下级对上级、服务员对客人、初次见面等场合。

行鞠躬礼时，目光要专注，动作要稳重、端庄，并带有对对方的崇敬之情。在一般情况下，受礼者也要用鞠躬礼还礼，长者、女士、宾客还礼时，可不鞠躬，欠身点头还礼即可。

不同角度的鞠躬也代表着不同的寓意。弯腰 15 度左右的鞠躬礼，代表致谢和问候；弯腰 30 度左右的鞠躬礼，代表诚恳的致谢；弯腰角度在 45 度左右的鞠躬礼，代表诚恳的致敬、致谢和歉意。而在特殊的场合，比如参加婚礼、丧礼、谢罪忏悔时，才会行 90 度大鞠躬礼。

鞠躬礼已经成为日本、韩国、朝鲜等东南亚国家友人见面时常见的礼节形式。在这些国家行鞠躬礼时的基本原则是：在特定的群体中，身份低者应向身份最高长者行 45 度鞠躬礼，向身份次高者行 30 度鞠躬礼，向身份对等者行 15 度鞠躬礼。

2. 合十礼

双手十指相合，为合十礼。具体的做法是在胸前部位双手十指对合，五手指并拢向上，手掌向外倾斜，双腿直立，身体微倾，低头，可以口颂问候词或祝福词，亦可面含微笑。

合十礼是印度古国的文化礼仪之一，后为各国佛教徒沿用为日常普通礼节。见面时可以使用"站合十"礼节。"跪合十"适用于佛教徒拜佛祖或高僧。"蹲合十"是拜见父母或师长时的一种礼节，主要流行于泰国、缅甸、老挝、柬埔寨、尼泊尔等佛教国家。

3. 拱手礼

拱手礼即作揖礼，始于西周，是古时汉民族的相见礼，也是具中国特色的见面问候礼仪。行拱手礼时，双腿站直，上身直立或微俯，男子应右手握拳在内，左手在外，而女子正好相反。行拱手礼时，男女有别，左右有别。穿西服拜年时，行鞠躬礼而不行拱手礼，否则，反差过大会让人觉得别扭。

（二）西方礼节

1. 吻手礼

吻手礼是一种文化的传承，是爱情文化的传承，是西方交际的必要礼仪之一。

英国的上层人士，表示对女士们敬意和感谢时，往往行吻手礼。

吻手礼是欧美上流社会异性之间最高层次的见面礼仪。在英国，向已婚女士行吻手礼是最有教养的表现。男士向已婚女士行礼，受礼者是已婚女士。男士面对女士距离约 80 厘米，立正欠身致敬，男士以右手抬起女士的右手，俯身象征性地轻吻对方手背。

2. 贴面礼

贴面礼最初从法国兴起，它并非我们所理解的亲吻，而只是一种普通见面礼节而已，跟浪漫没有关系。贴面礼就是双方互相用脸颊碰一下，嘴里同时发出"啵啵"的声音，声音越大表示越热情。通常从右脸颊开始，左右各碰一下。贴面礼只在熟人或者虽不熟，但感到亲切的人之间才会有。如果在商业场合，除非是相熟的老朋友，否则还是握手为好。

（三）东西方通用礼节

1. 点头礼

点头礼适用范围很广，在问候时，都可以用点头致意。如果戴着帽子需要摘下帽子行点头礼，表示对对方的尊重。

2. 握手礼

握手礼是国际通用的会面方式。很多场合都需要用到握手礼，如表示欢迎、欢送、祝贺、感谢、理解、支持的时候，都可以使用握手礼。

自己正在忙着接听电话时，或手上握有东西或手脏时，或正在与他人交谈时，都不适合握手。

3. 拥抱礼

在西方国家，特别是在欧美国家，拥抱礼是十分常见的见面礼，同样在亚洲，人们在慰问、祝贺、欣喜时都可以使用拥抱礼。

4. 脱帽礼

无论在哪个国家，当我们戴着帽子走入室内场所，或在升国旗、奏国歌的场合，都应自觉摘下帽子，并置于适当之处。

5. 举手礼

行举手礼的场合与点头礼大致相似，可以向距离较远的熟人打招呼。在行举手礼时，一般是右臂向前方伸直，右手掌心向着对方，拇指叉开，其他四指并拢，轻轻地向左右两边摆动一下即可。

任务实施卡

学习任务工单				
项目	项目四　交往礼仪	任务		4.3　掌握相见礼仪
知识目标	1. 了解常见的见面礼； 2. 掌握职场交往中的称呼、握手礼、拥抱礼； 3. 掌握涉外礼仪中的问候方式。	能力目标	能够掌握问候、握手礼和拥抱礼的技巧。	素养目标	1. 培养学生塑造良好的第一印象； 2. 培养学生自觉地维护个人形象； 3. 培养学生的基本人际交往能力。
任务要求	1. 讨论 ① 走在校园里，当你看到认识的老师时，会主动打招呼吗？ ② 你都拥有过什么样的拥抱呢？ ③ 分享你印象深刻的一次见面礼。 2. 情境模拟练习 ① 假设你是公司的一名新员工，请运用会面礼仪进行问候。作为职场新人，当你见到公司的老员工、客户和上级领导时应如何问候？ ② 模拟迎送客人的握手礼仪，模拟男女握手礼仪。 ③ 练习拥抱礼仪的动作；练习15度、30度和45度的鞠躬礼。 3. 说一说 ① 女士与男士握手时，谁应先伸手？ ② 已婚者与未婚者握手时，谁应先伸手？ ③ 年长者与年幼者握手时，谁应先伸手？ ④ 长辈与晚辈握手时，谁应先伸手？ ⑤ 社交场合的先至者与后来者握手时，谁应先伸手？ ⑥ 职位、身份高者与职位身份低者握手时，谁应先伸手？			
任务实施记录				
任务考核评价	1. 以小组为单位进行讨论和情境模拟练习，老师挑选小组成员上台展示； 2. 小组互评，老师点评。			

任务 4.4　掌握名片礼仪

知识目标

- 了解商务名片的设计；
- 掌握名片使用的时机；
- 掌握递送名片和接受名片的礼仪。

能力目标

- 能够掌握名片的递送和接受技巧。

素养目标

- 培养学生塑造良好的第一印象；
- 培养学生自觉地维护个人形象；
- 培养学生的基本人际交往能力。

能量小贴士

不要小看你的名片，它是你的形象，你的公司的形象，它小小的身体上可能承载了你的未来！

小案例

名片的失误

B 公司由于扩大了业务规模，搬迁至新建的办公大楼，需要添置一系列的办公家具，公司总经理李总经过前期调研和考察，决定将这个数百万的订单交给 A 公司来置办。

这天，A 公司的销售部经理打电话预约，想要上门拜访总经理。李总同意安排下周二上午 10 点与对方见面，并决定到时候直接在订单上盖章，敲定这笔生意。

意外的是，B 公司的销售部经理在周二这一天比预订的时间提前了一个小时到达，目的是想跟李总再进一步探讨一下，是否可以把这家公司的员工宿舍家具的购买订单也给到 A 公司。为了谈成这件事，销售部经理还带了一堆资料摆在了会议室里。B 公司的总经理没料到对方会提前到访，正好手头也有事情要处理，就与对方简单打了个招呼，互递了名片，让对方稍等一下。这位销售经理等了不到半个小时就开始不耐烦，一边收拾资料一边说："既然李总这么忙，我还是改天再来拜访吧！"

这时，李总经理刚好走过来，发现对方在收拾材料准备离开，李总注意到对方将自己刚才递上的名片掉在了地上，却没有发觉，而且还在走过时，踩在了名片之上。这个失误令李总改变了想法，最终A公司不仅没有谈成之前的办公家具的订单，也没有谈成员工宿舍家具的订单，数百万的订单就这样告吹了。

B公司的销售部经理的失误，看似很小，却产生了巨大的损失。名片在商务交往中，是名片主人身份脸面的代表，弄丢了对方的名片已经是对他人的不尊重，更何况还踩了一脚，顿时让对方产生反感，再加上这次并没有按照预约的时间到访，也不曾提前通知，又没有等待的耐心和诚意，丢掉了这笔生意，也并不是偶然。

思考

本案例给你哪些启示？

知识准备

名片礼仪是指商务人士在递交或者接受名片的时候应该注意的程序和方法。在现代社会，即使网络时代早已到来，名片也没有被替代。因为它是一个人身份的象征，也是个人职业形象的第二张脸。

一、商务名片的设计

在职场中，拥有一张专业的商务名片设计可以体现出一个人的审美、品位和个性。在很多公司，名片是有统一设计和规格的，因为它不仅代表你的个人形象，更代表着公司的形象。

名片上应该包括以下内容：姓名、职务、学位、职称、公司名称标志、手机号、微信号、邮箱号、公司地址。

在名片上，原则只标注最重要的和最主要的一项职务。如果头衔较多，可以为每一种职务分别制作名片。如果拥有学位和职务，一般只标注最高学位和最高职称，如果学位和职称不高，可以去除。

商务交往是不提供私宅电话的，因此商务名片上一般只提供办公室电话、传真号码和办公手机号码。同时，名片的形式也很重要，注重名片内容设计的同时，也要注重名片纸张的质地、尺寸、色彩、字体的选择。

二、名片使用的时机

名片的使用也讲究时机，一般在社交场合，当我们希望认识对方时，被介绍给对方时，对方向自己索要名片时，对方提议交换名片时，初次登门拜访时，都是正确的使用时机。

三、名片使用的注意事项

（1）出席重大社交场合，一定要记住带名片。

（2）名片的发送时机可选择在刚见面或者向对方告别时。

（3）欲结交陌生人时，不建议在谈话中过早地发放名片，这种热情一方面会打扰别人，也会有推销的嫌疑，反而会得不到对方的重视。

（4）无论参加私人或商业宴会，发送名片都不应该在用餐时发放。

四、递送名片的礼仪

在职场中，职场人士应把名片放在专用名片夹里或西装上衣内侧口袋内。递送名片时应起身，上身成15度角鞠躬状，名片的内容正面朝向对方，双手的拇指和食指分别捏住名片上端的两角，恭敬地递到对方面前，可以说"您好，我是×××，这是我的名片，请您多多指教。"

递送名片时遵循"尊卑有序"的原则，也就是地位低的人首先把名片递送给地位高的人，例如下级先递给上级，晚辈先递给长辈，男士先递给女士，主人先递给客人。如果分不清职位高低和年龄大小，可以依照由近而远的顺序依次递名片；也可以沿顺时针方向递名片。

五、接受名片的礼仪

接收他人名片时，应讲究有来有往。他人递名片给自己时，应面带微笑，起身或欠身接收，恭敬地用双手的拇指和食指接住名片的下方两角，轻声说"谢谢"。接受名片之后，要首先拜读名片上的内容，一般可以用30秒左右的时间拜读，拜读的同时，可以读出对方重要的信息，例如，对方的职务、头衔、职称。

存放名片时，把名片放入名片夹内，或上衣内侧口袋里表示敬意，也可以暂时把名片放在桌上，便于交谈的过程中正确地称呼对方，方便使用。不要在名片上放其他的物品，尤其是会把名片弄脏的物品，也不要反复把玩名片。在离开时，一定要记住拿好对方的名片。

回赠名片时，回赠的方式和递送礼仪是一样的，如果忘记带名片，需要诚恳地跟对方说"对不起，我没带名片，下次带给您"或"很抱歉，我的名片用完了"，而不能说："不好意思，我没有名片，我没有职务。"

六、国际递送名片的礼仪

在国际交往中，一般是双手递、双手接名片。但是不同国家的接名片的方式是有差别的。所以在涉外礼仪中，我们可以先观察对方如何递送名片，然后再模仿他们的方式即可。

例如，西方人一般习惯用一只手，右手递接名片。日本人习惯一只手接名片，另一只手递名片。无论哪种情况，名片的内容都是正面朝向对方。

任务实施卡

学习任务工单				
项目	项目四　交往礼仪	任务		4.4　掌握名片礼仪
知识目标	1. 了解商务名片的设计； 2. 掌握名片使用的手机； 3. 掌握递送名片和接受名片的礼仪。	能力目标	能够掌握名片的递送和接受技巧。	素养目标	1. 培养学生塑造良好的第一印象； 2. 培养学生自觉地维护个人形象； 3. 培养学生的基本人际交往能力。
任务要求	1. 情境模拟 　在社交场合，请模拟上下级递名片，晚辈见长辈递名片，男女之间见面递名片，主人欢迎客人来访时递名片的次序、表情、动作和话术。 2. 创意题 　请结合未来的求职方向，设计一张属于你自己的未来名片。			
任务实施记录				
任务考核评价	1. 以小组为单位进行情境模拟练习，老师挑选小组成员上台展示，小组互评，教师点评； 2. 小组互评名片设计，教师点评。			

任务 4.5　掌握交谈礼仪

知识目标

- 掌握交谈的礼仪。

能力目标

- 根据不同的社交目的、对象、特定的语言环境，恰到好处地运用语言，传情达意，以达到令人满意的社交效果。

素养目标

- 培养学生的沟通心理素质及语言表达能力。

能量小贴士

心诚气温，气和辞婉，必能动人。——［明］薛宣《谈书录》

小案例

案例一：

一男一女交谈。男士问："您多大了？"女士不快地说："28 岁。"男士问："有对象吗？"女士答："有。"男士又问："结婚了吗？"女士答："早结了。"男士再问："有孩子吗？"女士不答，非常不高兴！

思考

请指出该情境中男士犯了什么错误。

案例二：

爱插嘴的阿强

有一类人，你只要和他聊天，他总会在你说话的时候，不停地打断你，直到他把话说完。和他们相处，你常常会感到无奈。朋友阿强就是如此。

阿强平时待人热情，也乐于助人，可朋友却寥寥无几。究其缘由，无非是他很少让人把话说完，而引起他人反感。有一年，他和几个大学室友一起吃饭。

因为他们宿舍有个室友是做风险投资的，经过几年的努力，成为行业的顶尖人物。

所以，大家特意组了个局，只为了听室友讲解关于投资的事情，多了解投资圈的行情。可室友没说几句，阿强就总是打断他，说自己其他朋友的经历。一开始，大家碍于面子并没有打断他，只是笑呵呵地应和着。没曾想，他越说越来劲，完全忘记今天聚会的目的，而让其他人感到尴尬。那次聚会后，大家都默契地没有再叫上阿强了。再好的关系，也抵挡不住在说话时被一次次打断。时间长了，心自然寒了，感情也就疏离了。

爱插嘴的人，他们总以自我为中心，总在自以为是地表达自己的想法，全然不顾他人的感受。殊不知，这是一种极其不尊重他人的行为。

思考

（1）你身边也有像阿强这样的人吗？

（2）如果你是阿强，会如何改变自己？

案例三：

纪晓岚用智慧为自己开脱

纪晓岚是清朝著名的文学家、编纂家，他29岁中进士，五次出掌都察院，三次任礼部尚书，二任兵部尚书，多次担任主考官，为乾隆选拔了大量的人才，特别是编纂《四库全书》更是使他名垂青史。这部《四库全书》汇集了华夏数千年来的精华，保存和发展了中华民族的古老文化遗产，是中国历史上、也是世界历史上规模最宏大的一部百科全书式的丛书。

纪晓岚以其学识渊博、睿智风趣、幽默机智的性格，一次次地化解了乾隆的刁难，这些故事也成为人们茶余饭后的笑谈。乾隆帝平时很喜欢同纪晓岚一起讨论时政，某一天两人又在一起闲谈，交谈过程中两人因看法不同而产生了分歧，可这纪晓岚也太不识趣，在皇帝面前也要争个输赢对错，乾隆就有点不高兴了，他也想借此来杀杀纪晓岚的锐气。乾隆忽然问纪晓岚："纪爱卿，你是忠臣还是奸臣？"纪晓岚不假思索地回答"臣当然是忠臣"，他也只能这么回答。乾隆又说："既然你是忠臣，那君要臣死臣该怎么办呢？"

纪晓岚回答说："君要臣死，臣自然是不得不死。"乾隆很是满意地说："好，朕现在就要你去死，你去跳河吧。"

这可把身边的大臣们吓了一跳，纷纷上前替纪晓岚求情，可回答的话就是圣旨，君子一言驷马难追，乾隆要是这么就收回他所说的话那多么没面子啊。谁知纪晓岚不急不躁，神情自若，他转身快步就往护城河方向走去，乾隆也不搭理，端起茶杯，正襟坐在椅子上，一边品茶一边目送纪晓岚远去。有几个大臣也跟着纪晓岚去了，纪晓岚来到了护城河边，就在头朝下弯腰刚要跳时，身子却停住一动不动了，只有嘴巴在一张一合，好像在跟什么人说话似的，微微点头，最后抬起头来反身又回到了乾隆面前俯首跪下。乾隆问："纪爱卿，你怎么还没死啊？"纪晓岚回答说："回万岁，臣刚才正要跳河，忽然看到屈原从水里冒了出来，他说他当初跳江是因为楚怀王昏庸无道，残害忠良，他又说你来跳河难道也是当今天子昏庸吗，于是臣就想回来问问万岁再跳也不迟。"乾隆当然不肯承认自己昏庸，再者他也不想杀纪晓岚，只是玩笑而已，而纪晓岚也给了自己台阶下，就一笑了之。

乾隆把编纂《四库全书》的重任交给纪晓岚，纪晓岚也是不敢怠慢，全心全意地编写。这一天天气实在太热了，怕热的纪晓岚干脆脱掉上衣光着膀子编写。乾隆也关心进度，也想过来看看，就径直来到了纪晓岚所在的书院，纪晓岚的下属赶紧过来通报，纪晓岚也看到了乾隆向自己走来，要知道光着身子见皇帝是失仪之罪，可是要砍头的，穿衣服也来不及了，于是就钻到书案下面躲了起来，乾隆老远也看到了纪晓岚，他进来后就在纪晓岚的座位上坐了下来，也不说话，纪晓岚在里面热得实在是受不了，于是问他的下属："老头子走了没有？"

乾隆一听，说道"朕在此"。纪晓岚听到乾隆还没走，知道自己闯祸了，就战战兢兢地从桌子里面爬出来叩见乾隆。乾隆问："纪爱卿，你为何叫朕老头子？你说说看，有理则生，无理则死。"纪晓岚穿上衣服后跪地回奏："万岁，老头子三个字是微臣对您的尊称，并无其他之意。世人都称圣上为万岁，这岂不是'老'吗？万岁乃万人之首，这岂不是'头'吗？万岁是天子，这岂不是'子'吗，这三个字除了万岁，无人能用啊。"这一番话说得乾隆无言以对，乾隆对纪晓岚是口服心服，纪晓岚用他的智慧和雄辩的口才一次又一次地逃过劫难。

纪晓岚个性孤高耿直，处世却能圆融通达，每当讽刺皇上时往往能令皇上心服口服；他回旋于狡诈的奸臣中，却能以自己的机智全身而退，堪称历代文坛上最风趣、最睿智的人物；他过目不忘、通晓古今，在民间流传的故事中，逸趣横生，令人拍案叫绝。

思考

请你谈谈应该如何提升个人的语言表达能力？

 知识准备

在社交场合，为有效增加社交的信息传递量，提高社交效果，实现社交目的，拉近人与人之间的社交距离，就要讲究交谈礼仪。

一个人说话的方式，决定了他的人生境地。适时地倾听，不肆意发表言论，恰到好处地闭嘴，总能让人有如沐春风的快感。相反，不懂得好好说话，只会让自己四面树敌，让人生路越走越窄。

交谈礼仪

交谈礼仪

交谈指以语言方式，来交流各自的思想状态，是表达思想及情感的重要工具，是人际交往的主要手段。在人际关系的"礼尚往来"中有着十分突出的作用。可以说，在万紫千红、色彩斑斓的礼仪形式中，交谈礼仪占据主要地位。

在职场礼仪中，语言是最重要的交际手段。在运用语言表达时，要做到言之有据，言之有理，言之有情，言之有文。俗话说"言为心声"，日常谈吐不仅能反映出一个人的修养和涵养，而且能表现出一个人的知识水平和精神世界。

（一）倾听是涵养

在社交场合，我们总会遇到形形色色的人，同各色各样的人交流。有涵养的人总能克制自己的表达欲，认真倾听，等别人把话说完，再发表自己的看法。

有数据显示，75%的顶尖销售人员在心理测试中被认为是性格内向的。在销售中，他们用70%的时间来倾听客户，用30%甚至更少的时间来表达和询问客户的问题。这些最优秀的表达者们，告诉我们一个非常重要的信息：多听少说，会帮助我们更好地实现沟通目的。

开口之前先学会倾听。了解对方的需求之后再开口，这样才能保证我们所说的话题跟对方是同频的，表达才会是有效的。只有对方听得进去，他才会愿意继续听你说。让人愉快的聊天方式，是一个在说，一个在听。

倾听，是一种涵养，是一种情商，它会拉近人与人之间距离。与其因为干扰别人说话而惹人厌弃，不如从现在起，做个耐心倾听的人。

1. 保持专注

在说话的时候，大家最介意的是说的人激情澎湃，听的人却心不在焉。所以当听别人说话的时候，我们一定要保持目光的交流，让对方充分感受到我们的专注。

2. 切勿打断

总是打断别人的发言，等于剥夺了对方的话语权。即便对方说到了使听者极为感兴趣的点，或者极为熟悉的领域，也一定不要打断对方的讲话，要让对方把话说完。

3. 适当反馈

对话过程中，可以用一些肢体动作，比如点头、微笑等在不打断对方的情况下进行一些情绪上的反馈；对方讲完一个观点，听者可以简单提问，表示对对方发言的重视。这些正向的反馈会给对方带来极大的自信和安全感，从而建立彼此的信任和好感。

4. 心胸开阔

对方在表达的过程中，很可能某些观点和想法跟我们产生很大的分歧，切忌用批判性的态度去评价对方的观点，保持中立，允许对方表达和自己不同的观点。

5. 为我所用

在听对方说的过程中，我们要从大量的信息中提取我们需要的信息，比如，对方是哪里人？兴趣爱好是什么？最近比较关心的问题是什么？等等。这些信息会帮助我们在对方和自己之间找到连接点，比如我们同样喜欢足球，我们都是南方人，我们都有海外生活经历，等等。从这些连接点切入谈话主题，自然能够引起对方的兴趣。

（二）心态决定场域

心态决定了我们谈话的场域。开口之后，一定要营造一个平等对话的氛围，这样对方才听得进去。如果说话者趾高气扬，就会引起对方的反感，拒绝接受说话者所传达的信息；如果说话者陷入紧张焦虑，很容易思维混乱，表达不清楚自己的意思，变得非常被动。因此，要想营造一个平等对话的氛围，最关键的是要保持不卑不亢的交流心态。

（三）理清思路把握节奏

在营造一个平等对话的氛围之后，有些人往往还容易犯一个错误，就是表达不清楚，最终导致谈话主题偏离，话不投机半句多，对方自然也就听不下去了。

所以，理清自己表达逻辑是整个表达过程中最关键的一环。

首先，我们必须明白自己沟通的目的是什么。目的，是你的底线，脱离目的的谈话没有任何意义。其次，我们必须要理清楚自己的沟通逻辑。所谓逻辑，就是你已经知道自己沟通要达到的目的是什么，如何实现这一目的，就是你要找到的逻辑。你的逻辑越清晰，对方听得就会越清楚，你沟通的效果就会越好。最后，列出谈话要点。以谈话目的为终点，列出每个阶段的谈话要点，要点列得越仔细，逻辑就会越清晰，主题就会越明确，减少不必要的废话，这样会帮助我们和对方完成更有效的沟通结果。

（四）把握时机，事半功倍

把握正确的说话时机，在对方最愿意听的时间，说他们愿意听的话，会让我们的表达事半功倍。

把握说话的时机，需要做到"承上启下，看反馈"。承上：判断对方的话有没讲完，你的观点和想法是否适合在他之后讲？启下：判断议题是不是已经讨论得足够充分，是否适合开启你关心的下一个议题？看反馈：在发表自己的意见和观点之前，我们要注意对方的反馈是什么：他想不想听？他想听什么？

所谓合适的时机就是：既要利于说话者充分表达想法，也要便于对方放下一切手中的事来倾听你发言，这才是最佳的交谈时机。

（五）交流时学会因人而异

俗话说"见什么人，说什么话"，想要跟对方聊得投机，首先要选择让对方听起来最舒服的交流方式。

比如，遇到内向的人：我们必须主动说更多的话，来确保这场谈话不会中断。相对于健谈的人，内向的人往往不喜欢过多的交流，他们更加喜欢高效率的谈话。在这种情况下，我们就必须尽可能简明扼要地表达内容。另外，为了保证这场谈话的继续进行，你也可以找一些对方喜欢感兴趣的话题，调节谈话的气氛。遇到活泼的人：他们的思维一般很跳跃，也很容易聊得很开心。在面对这种交流对象的时候，我要能够接住对方丢过来的话题，同时要尽可能地发挥自己的肢体语言，配合他们的节奏和情绪。

如果实在不知道怎么切换自己的交流方式，建议大家可以从这几个方面去切入：性别、年龄、身份、职业、性格、兴趣爱好，等等。

（六）别把交流变成对战

在和对方沟通的过程中，即便我们不同意对方的观点，也千万不要直截了当地说"你错了""你不对"等。因为你这样说就等于在告诉对方"我比你更聪明""在这个问题上你是失败者"。这显然是一种挑战，会引起对方极大的反感。在沟通交流的过程中，我们应该暂时搁置自己的评判，更加乐于接受别人的观点。而你们的关系，应该是战友的关系，就某一问题或者某一话题分别从自己的角度及其他的角度去探讨，最终寻求出属于你们的解决方案。

任务实施卡

学习任务工单				
项目	项目四　交往礼仪		任务	任务 4.5　掌握交谈礼仪
知识目标	掌握交谈的礼仪。	能力目标	根据不同的社交目的、对象、特定的语言环境,恰到好处地运用语言传情达意,以达到令人满意的社交效果。	素养目标	培养学生的沟通心理素质及语言表达能力。
任务要求	1. 讨论 在双方交谈的时候,应如何做到不打断对方,认真倾听?请分享你的心得体会。 2. 情境模拟 同事答应给你的文件,没有按时给到你。有的人表达方式是这样:"我一直觉得你挺靠谱的,但是你看看现在几点了,我要求你中午之前做完的报告还没收到,怎么回事儿?"还有人是这样表达的:"不好意思,那个报告我好像还没收到,你方便的时候可以做完给我吗?" 你认为这两种表达是否恰当?如果是你,该如何表达?			
任务实施记录				
任务考核评价	1. 以小组为单位进行讨论和情景模拟练习,老师挑选小组成员上台展示; 2. 小组互评+教师点评。			

知识进阶

一、单选题

1. （   ）说："与人交谈一次，往往比多年闭门劳作更能启发心智。思想必定是在与人交往中产生，而在孤独中进行加工和表达。"

A. 迈克尔·奥康纳　　　　　　　　B. 列夫·托尔斯泰

C. 戴尔·卡耐基　　　　　　　　　D. 托尼·亚历山德拉

2. 正式场合下的握手礼仪描述错误的一项是（   ）。

A. 女士不能戴着配礼服的薄纱手套与人握手

B. 握手时不能与另外两人相握的手形成交叉状

C. 为表示热情可以用双手握住对方的单手

D. 跟人握手时不能握住对方的手上下左右抖个不停

3. 行握手礼时，错误的是（   ）。

A. 男士不能戴着手套

B. 不能跨着门槛握手

C. 多人同时握手时，可以交叉握手

D. 不能用左手握手

4. 递接名片时应当注意字体的（   ）。

A. 正面朝向对方　　　　　　　　　B. 侧面朝向对方

C. 反面朝向对方　　　　　　　　　D. 无所谓

5. （   ）有一种见面礼是握拳礼。行此礼时，先是要握紧自己的拳头，然后向上方伸出拇指。这一做法，主要用于问安或致敬。

A. 印度　　　　B. 美国　　　　C. 阿根廷　　　　D. 巴西

6. 与西方人交谈时可以谈论（   ）。

A. 对方年龄　　B. 对方婚姻　　C. 天气情况　　D. 健康状况

7. 名片在我国（   ）就流行了，当时把竹子、木头削成片，上面写上姓名，供拜访者通报姓名使用，称为谒。

A. 唐朝　　　　B. 宋朝　　　　C. 西汉　　　　D. 东汉

8. 据统计，在人们的交流过程中，身体语言传达的信息占（   ）。

A. 45%　　　　B. 50%　　　　C. 55%　　　　D. 38%

二、多选题

1. 沟通中特定的非语言行为包括（   ）。

A. 外表　　　　B. 面部表情　　C. 肢体动作　　D. 空间距离

2. 握手礼仪，常规情况下是位尊者先伸手，具体来说是遵循（   ）"三优原则"。

    A. 年轻者优先　　B. 女士优先　　　C. 长者优先　　　D. 职位高者优先

    3. 在"编码—发码—传递—收码—解码—反馈"的沟通过程中，"收码、解码"是指（　　　）。

    A. 发话人　　　　B. 听者　　　　　C. 作者　　　　　D. 读者

    4. 下列客人的哪些行为可以察觉出客人已经心不在焉？（　　　）

    A. 目光飘飞，拨弄头发　　　　　B. 不停地看表

    C. 用手抚摸下颌　　　　　　　　D. 用手搔抓脖子

    5. 倾听对方谈话时，要自然流露出敬意，所以在交谈的过程中可以做到：（　　　）。

    A. 身体微微倾向说话者，表示对说话者的重视

    B. 用目光注视说话者，保持微笑

    C. 适当做出一些反映，如点头、会意地微笑，提出相关问题

    D. 没听懂或没听清楚问题时，可以有礼貌地发问

    6. 交谈是一个人知识、阅历、才智、教养和应变能力的综合体现，在交谈的过程中要注意（　　　）。

    A. 话要说清楚　　　　　　　　B. 看场合和对象

    C. 增强反馈意识　　　　　　　D. 使用礼貌用语

    7. 有一些话题在公务场合不应该谈论，比如有（　　　）。

    A. 收入　　　　　B. 婚姻状况　　　C. 年龄　　　　　D. 健康状况

参考答案

项目五　位次排列礼仪

任务 5.1　了解位次排列的原则和方法

知识目标

- 了解位次排列的原则；
- 掌握位次排列的方法。

能力目标

- 能够灵活运用位次排列的原则和方法。

素养目标

- 能够提升个人礼仪素养。

能量小贴士

人有礼则安，无礼则危。——《礼记》

小案例

坐！请坐！请上座！茶！敬茶！敬香茶！

相传北宋元丰二年（1079 年），苏东坡在杭州任职时，到莫干山游玩。途经一座寺庙便进去拜会，寺庙里方丈见苏东坡相貌平平、打扮穷酸，漫不经心地对苏东坡说："坐。"并招呼旁边的小和尚："茶。"

苏东坡见其傲慢，便对小和尚说："取善簿来。"二话不说就捐香火钱，提笔写道："香火钱百两。"方丈见状，马上热情了起来，对苏东坡说："请坐。"并且对小和尚说："敬茶。"

当苏东坡在落款处写上"东坡居士苏轼"时，方丈吓了一跳，苏轼可是当时有名的大学士啊，于是向苏东坡行了一个大礼，并且示意他："请上座。"连忙吩咐小和尚："敬香茶。"

当时苏东坡的诗词书画可谓千金难求,方丈便借机请苏东坡题字,于是苏东坡爽快地写下了:"坐,请坐,请上座;茶,敬茶,敬香茶"这副对联。

思考

如何理解"坐!请坐!请上座!茶!敬茶!敬香茶!"的寓意?

知识准备

位次排列的原则和方法

一、位次

位次,即人们在交往中,彼此之间各自所处的具体位置的尊卑顺序。

(一)位次排列的原则

1. 中外有别

在古代中国,是"左"尊还是"右"尊,并不是一成不变的,在不同的时代,存在着不同的规定。

周、秦、汉时,我国以"右"为尊。故皇帝贵族称为"右戚",世家大族称"右族"或"右姓"。《史记·廉颇蔺相如列传》记载,蔺相如完璧归赵,在渑池会上立了功,"拜为上卿,位在廉颇之右",廉颇大动肝火,"不忍为之下"。这是战国时期"右"比"左"大的典型例证。

在《史记·魏公子列传》中,有一个成语叫虚左以待。意思是空着左边的位置,虚左表示对宾客的尊重。因此,在中国,尤其是主席台上的位次讲究"左高右低"。

位次排列国际上讲究以右为尊,国际社会通行的习惯是"右高左低",以右为尊。因此,我们讲在位次排列上,中外有别。如何确定左边和右边,我们所讲的左和右,是以当事人的左和右来确定的。在国内会晤中,把客人、上级领导安排在当事人的左边。在国际会晤中,把客人和上级领导安排在当事人的右手边。

2. 外外有别

俗话说十里不同风,百里不同俗,千万不要认为外国人都一样。在不同的国家、不同的民族,其位次排列也是存在差异的。"以右为尊"属于国际惯例,但是并不排除有特殊情况的存在。

3. 场合有别

在国内的政务场合和商务场合，座次排列就有差别。在政务场合，职位、身份较高者居左。在社交场合，"女士优先"是国际社会公认的"第一礼俗"。男士们唯有奉行女士优先，以实际行动尊重、关心、照顾女士，为女士排忧解难，把尊贵的位次让给女士，才会被认为是有教养的绅士。

4. 古今有别

春秋时期的老子在《道德经》第三十一章中说过：吉事尚左，凶事尚右。意思是：吉庆的事情以左边为上，凶丧的事情以右方为上。说明中国传统礼俗讲究"以左为上"，而中华人民共和国成立后，我国的礼仪规范也逐渐与国际接轨，比如在商务宴会中也奉行"以右为尊"的国际惯例。

（二）位次排列的方法

具体方法如图 5-1 所示。

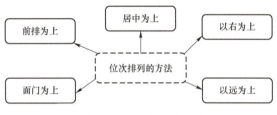

图 5-1　位次排列的方法

任务实施卡

学习任务工单				
项目	项目五　位次排列礼仪	任务	5.1　了解位次排列的原则和方法	
知识目标	1. 了解位次排列的原则； 2. 掌握位次排列的方法。	能力目标	能够灵活运用位次排列的原则和方法。	素养目标
				能够提升个人礼仪素养。
任务要求	讨论 　1. 在校园里，我们也需要讲究位次礼仪，请你结合位次排列的原则和方法总结3个常见的校园位次礼仪。 　2. 学习了位次排列的原则和方法之后，请大家观看《初入职场的我们》短视频，视频中董总、主宾以及主持人的位次应该如何排列？请写出具体的排位方案。			
任务实施记录				
任务考核评价	1. 请同学们以小组为单位，列举校园中常见的位次场景，并总结出位次排列的原则和方法；教师提问，并点评； 　2. 观看完短视频后，请同学们根据任务要求中的问题进行分析和回答，可以把回答写在任务实施记录里。			

任务 5.2　掌握行进引领礼仪

知识目标

- 了解行进引领礼仪的基本原则；
- 掌握特殊场合下的行进引领方法。

能力目标

- 能够在各种场合灵活运用行进引领的具体方法。

素养目标

- 能够提升个人礼仪素养。

能量小贴士

不患位之不尊，而患德之不崇；不耻禄之不伙，而耻智之不博。——张衡

小案例

小刘的接待失误

王经理应邀来到鲲鹏公司洽谈业务。来到公司后，王经理遇到了接待员小刘，小刘得到指示负责将王经理引领至公司会议室。一路上，小刘走在过道中间带路，王经理则跟在其身后，由于小刘手头还有很多工作，一路上小刘的脚步都没有放慢。通往会议室的大门有一个台阶，小刘轻车熟路地跨了过去，突然后面传来了王经理的一声"哎呦"……

思考

小刘在接待中出现了哪些失误？

 知识准备

人们在步行时的位次排列，就是行进中的位次排列。在商务活动中，任何

一个组织都要经常与外界打交道，要与客户打交道，因此接待工作的工作质量直接关系到企业形象、后续关系的维护及工作的开展，接待者一定要讲究规范。在接待宾客和陪同引领时，行进位次十分引人注目。

一、行进引领礼仪的基本原则

（1）两人并行时可以选择前后行或者左右行，前后行时，前方高于后方，前面为尊位，后面为次位；左右行时，右侧为上位，左侧为下位。

（2）三人并行时，中间为尊位，右侧为次位，左侧为下位。

（3）多人同行时，走在最前方的一般是长辈或职位较高者，其右后方次之，资历较浅者应行于左后方。

（4）男女同行时，女士在右侧，男士在左侧；或女士在内侧，男士在外侧。

（5）搭乘自动扶梯时，应保持良好的姿势，在国内一般是靠右边站立，并握住扶手，让出一侧给急需快速通过的人，而在英国等国家，是靠左边站立。并行时，中央高于两侧，内侧高于外侧。中国人靠右侧通行，右侧为尊位，也就是内侧。

（6）在路上行走时，按照惯例应自觉走在右侧，不可逆行于左侧。

二、特殊场合下的行进引领

特殊场合下的
行进引领

（一）经过走廊时

让客人走在道路或走廊的中间，陪同人员位于客人的左斜前方，距离客人2～3步。在陪同过程中，可以用左手示意方向，配合行走速度，要做到微笑倾听。如果来访者带有物品可以礼貌地为其服务，遇到拐弯处或有台阶处，应及时引导提醒，可以说"这边请""请注意楼梯""请当心脚下""有台阶，请走好"。

（二）上下楼梯时

上下楼梯的基本原则是：尊者在高位。上楼梯时，客人在前；下楼梯时，客人在后。

陪同人员与客人都是相隔1～2个台阶；当女士穿短裙时，遵守"女士在后位"的原则，避免短裙走光。

上下楼梯时需要注意，楼梯中间为上位，有扶手侧为上位，需要提醒"请小心"。

（三）进出电梯时

在高速发展的今天，电梯的使用比楼梯更频繁，进出电梯时我们需要灵活掌握在不同情况下乘坐电梯的礼仪。

1. 等电梯时

在等电梯时，陪同人员要面带微笑地向熟人打招呼。尤其是在商场里，行人很多的情况下，陪同人员要注意排队等候。按电梯按钮，只需轻轻触摸即可，不要反复触碰按钮。在一般情况下，等电梯的人站在电梯出口处的右边等候电梯，以方便其他乘客先出电梯。

2. 与不相识者共乘电梯

出入电梯要讲究先来后到，进电梯之后应该为别人让出地方，而不是直接堵在门口，一般的做法是先进电梯的人要靠门的两侧站立，不要背对着他人，最后进电梯的人一般站在中间位。

出电梯时，应由外向里依次而出，即站在门口位的人先出电梯，以免挡着后面要出电梯的人，同时注意不可争抢。

3. 与熟人共乘电梯礼仪

如果是与长辈、女士、客人同乘电梯时，在电梯内可以适度寒暄，但有外人或其他同事在时可斟酌是否有必要寒暄。下电梯前，应提前和周围的人打好招呼或换到电梯口的位置。

在商务礼仪接待中，电梯里面如果有服务人员，陪同人员应做到"后进后出"，如果是出入无人管理的电梯，则应做到"先进后出"。进电梯时，如果无人管理，陪同人员应一只手按"开"按钮，另一只手示意客人进入电梯，礼貌地说"请进"。出电梯时，陪同人员应一只手按住"开"按钮，另一只手做出"请出"的动作，可以说"到了，您先请"。客人和长辈先走出电梯后，陪同人员立即走出电梯，并热情地引导行进的方向。

（四）出入房门时

原则：尊者先出入房门。

如果门是向外开，入门时应替客人拉开门，让客人先进，之后反手关门。如果门向内开，应把门推开，陪同人员先进入背对门，再请客人进入，之后反手关门。

出入房门时应先敲门，向房内的人通报。打开门时，应伴有语言"请进"，然后轻轻把门关上。无论是开门还是关门，动作要优雅得体，可采用轻侧身45度，不可以背对客人。

客人进入后，陪同人员要面朝门口轻轻把门关上。然后，把客人引导至上座，说："请您坐这里。"客人坐下后，告诉客人："领导马上就到，请您稍等片刻。"随后离开。离开前要向客人礼貌地说："对不起，我先失陪了。"鞠躬后方可离去。

三、引领的手势

可以用手势做介绍、谈话引路、指示方向，可以采用横摆式引领手势。在引领时忌用手指指路、指人，忌手心向下。

任务实施卡

学习任务工单					
项目	项目五　位次排列礼仪		任务		5.2　掌握行进引领礼仪
知识目标	1. 了解行进引领礼仪的基本原则； 2. 掌握特殊场合下的行进引领方法。	能力目标	能够在各种场合灵活运用行进引领的具体方法。	素养目标	能够提升个人礼仪素养。
任务要求	情境 1：一天，张总到 A 公司拜访，领导让小李负责接待并引领参观工厂。 演练：请两位同学扮演情景中的人物，其他同学进行观摩和点评。 （1）现在正走在走廊上（演练位次）。 （2）马上右拐（演练手势、语言）。 （3）现在上楼梯到二楼（演练语言和位次）。 （4）现在下楼梯（演练手势、语言和位次）。 （5）楼梯有栏杆，假如栏杆在右侧（演练位次）。 情境 2：小何等 3 名同事今天在 A 公司 5 楼办事，事情办完之后，他们准备乘坐电梯下楼。此时看到正好有一部电梯从上层下来且门已打开，电梯里面已站了 7 人（电梯可承载 8 人），这时，从电梯中走出两人。请演练电梯内、等电梯、进出电梯的礼仪。 演练组织：A 小组派 3 名同学，B 小组和 C 小组派 7 名同学，其中有两名以上女生参与，其他小组观摩，并派代表点评。 点评要点：可对 7 人电梯内的站位、礼让以及 A 组 3 名同学的表现情况进行点评。				
任务实施记录					
任务考核评价	1. 以小组为单位进行情境模拟，并把行进引领当中、上下电梯时需要用到的礼貌语言写在任务实施记录当中，同时，记录演练时存在的问题； 2. 老师挑选小组在教室里进行展示，小组之间互评，老师点评。				

任务 5.3　掌握乘车位次礼仪

知识目标

● 了解乘车位次礼仪主要考虑的因素。

能力目标

● 能够运用"主随客便、尊重为上"的原则；
● 能够掌握不同车型的位次排列方法。

素养目标

● 能够提升个人礼仪素养。

能量小贴士

勿以恶小而为之，勿以善小而不为。惟贤惟德，能服于人。——刘备

小案例

某家公司的员工朱军代表他的上级领导开车到机场迎接来公司考察的 5 人。双方见面后，朱军特意安排考察团团长坐在三排七座轿车的中间排右座。但团长却执意想要坐在副驾驶的位置上。几经争让后，团长不太情愿地坐到了最后排的右座，入座之后，团长似乎不太高兴，朱军也感到委屈。

思考

（1）团长为何不高兴？
（2）朱军有错吗？根据本任务中的知识点，你认为他该怎么做？

知识准备

一、乘车位次礼仪

在乘车位次礼仪中，应考虑必先安排最重要的人物入座、入上座，我们需

乘车位次
礼仪

考虑四个方面的因素：车型、驾驶者、安全系数和尊者本人意愿。

（一）车型和驾驶者的因素

1. 5 人座轿车位次礼仪

专职司机驾车：后排右为上坐。由尊到卑，依次为后排右座、后排左座、后排中座、副驾驶座。副驾驶座又称为随员座，专供秘书、翻译、警卫、陪同人员。5 人座轿车专职司机驾车时位次如图 5－2 所示。

图 5－2　5 人座轿车专职司机驾车时位次

主人驾车：前排副驾驶位为上坐，后排为下座。后排右侧为上座，左侧为下，中间最次。由尊而卑依次为前排副驾驶座、后排右座、后排左座、后排中座。要注意的是：主人开车时，最重要的是不能让前排座位空着。5 人座轿车主人驾车时位次图 5－3 所示。

图 5－3　5 人座轿车主人驾车时位次

2. 7 人座轿车或商务车位次礼仪

专职司机驾车：司机后排为上座，也就是中间一排为上坐，最后一排为次

125

座，前排为下座。座位由尊而卑依次为中间一排右座、左坐、后排右座、左座、中座，最后为副驾驶座，如图5−4所示。

图5−4　7人座轿车专职司机驾车时位次

主人驾车：前排副驾驶座位为上座，中间一排为次座，最后一排为下座。座位由尊而卑，依次为副驾驶座，中间一排右座、左座，后排右座、左座、中座，如图5−5所示。

图5−5　7人座轿车主人驾车时位次

3. 吉普车位次礼仪（一般用于出行旅游）

无论是谁驾驶，座次由尊而卑依次为副驾驶座、后排右座、后排左座、后排中座，如图5−6所示。

4. 大中型客车位次礼仪

座次的原则是由前向后，由右向左。按照距离车门远近来排定。座次由尊而卑，依次为第二排右座、中座、左座，其余以此类推。

图 5-6　吉普车位次

(二)安全系数因素

最安全的座位是驾驶座后排中间座位,最不安全的座位是副驾驶座。长者、孕妇和小孩不宜安排在副驾驶座。

(三)尊重本人意愿

尊者坐在哪里,就应认定为哪里是上座,不要对其指出或纠正,遵循"主随客便、尊重为上"的原则。

二、上下车的先后顺序和方式

上下轿车的先后顺序是:乘车时应先为客人、领导等打开车门,请尊者先上车。客人上车时应用手护住车顶,等客人坐稳后自己再上。忌从同一车门随后而入,替客人关好车门后,从车尾绕到另一侧车门入座。下车时,应为客人打开车门下车。

针对穿短裙的女士,上下车时可以采用平行式或背入式。平行式是一脚踏入/出车子,将整个身体移入或移出座位,另外一只脚再踏进或踏出。背入式是上车时将身体背向座位入座,将双脚同时收进车内,膝盖收拢后,面向前方;下车时与上车相反,先转腰,让双脚同时踏出车外,然后移出身体。

任务实施卡

学习任务工单				
项目	项目五　位次排列礼仪	任务	5.3　掌握乘车位次礼仪	
知识目标	了解乘车位次礼仪主要考虑的因素。	能力目标	1. 能够运用"主随客便、尊重为上"的原则； 2. 能够掌握不同车型的位次排列方法。	素养目标	能够提升个人礼仪素养。

表格（续）

任务要求	**案例分析** 　　小丽是 A 公司的经理助理。招商部主管王某让她代表自己安排 B 公司李总经理一行三人的来访工作。小丽开车到机场迎接这三位客人时，看到李总经理一行三人从机场走了出来，就马上上前热情问候，帮助提拿行李，然后带着他们来到公司安排的轿车前。上车时，小丽特意安排李总经理坐在前排视野开阔的副驾驶座位上，并为其打开车门。然而李总经理犹豫了一下，说自己感觉有些不舒服，想坐在后排休息一下，便与王副总经理一起坐到了后排。小丽注意到一路上，李总和王总谈笑风生，没有一点不舒服的迹象。小丽这才意识到，刚才她在位次的安排上做得有些不妥。 　　问题：小丽是不是真的做错了什么？假如是你，你会怎么做？ 　　后面的接待工作中，小丽应该怎么做？请你给她支招，并以小组为单位进行情境模拟训练。
任务实施记录	
任务考核评价	1. 请同学们以小组为单位对案例进行分析和讨论，回答思考的两个问题； 2. 老师请每组派代表上来分享具体的建议和做法，老师点评。

任务 5.4　掌握会务席位礼仪

知 识目标

- 了解会议座次安排的原则；
- 掌握不同场合的会议座次安排方法。

能 力目标

- 能够灵活掌握并运用会务席位座次礼仪。

素 养目标

- 能够提升个人礼仪素养。

能 量小贴士

在人与人的交往中，礼仪越周到越保险，运气也越好。——（英）卡莱尔

小 案例

座 次 风 波

某分公司要举办一场重要会议，邀请了总公司总经理和董事会的部分董事，还邀请了当地政府要员和同行业重要人士。由于出席的重要人物多，领导决定用 U 形会议桌。分公司领导坐在 U 形桌子横头处的下首，其他参加会议者坐在 U 形桌子的两侧。在会议当天，贵宾们进入了会场按安排好的座位牌找到了自己的座位。会议正式开始时，坐在 U 形桌子横头处的分公司领导宣布会议开始，发现会议气氛有些不对劲，有些贵宾相互低语后借口有事站起来要走，分公司领导还是不知道到底出了什么差错，非常尴尬。

思考

（1）为什么有些贵宾相互低语后借口有事站起来要走？

（2）分公司领导为什么非常尴尬？失礼在何处？

会务席位
礼仪

知识准备

一、会务席位礼仪

会议是职场人士不可避免参与最多的场合，是展示职场人士组织能力、专业能力、礼仪教养的好机会。很多领导都会通过观察会议上的种种细节来判断一个人的工作能力和水平。

座次安排原则：居中为上、以右为上。

（一）小型会议座次安排

这种会场的特点是不专设主席台，大家可以无拘无束地交流。适合开工作周例会、月例会、技术会议、董事会。

小型会议的排位分为：设主席位，不设主席位。

1. 专设主席位

基本原则：面门设位，依景设座。

2. 不设主席位

基本原则：面门为上，居中为上，以右为上。

具体安排要根据桌子摆放的位置来判断：

（1）平行于门，一般选用长条会议桌，面门方向安排领导、外宾、客人一方就座，如图5-7所示。

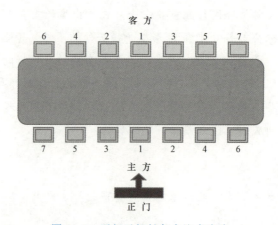

图5-7 平行于门长条会议桌座次

（2）垂直于门，进门右边为客方，左边为主方，如图5-8所示。

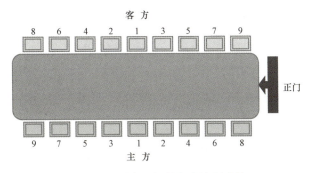

图 5-8　垂直于门长条会议桌座次

（3）依景设座，把客人安排在能看到美景的一边，如图 5-9 所示。

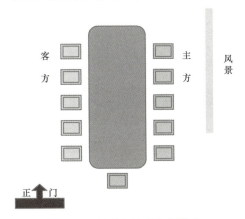

图 5-9　长条会议桌依景设座

尊位的基本排列方法是：面门为上，居中为上，以右为上，依景设座。

（二）大型会议座次安排：主席台排座、群众席排座

1. 主席台排座

主席台必须放上席卡，以便领导对号入座，避免上台之后互相谦让。

（1）主席团排座。

国际商务会议：前排高于后排，中央高于两侧，右侧高于左侧，如图 5-10 所示。

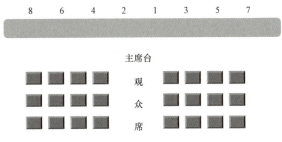

图 5-10　国际商务会议主席台排座

国内政务会议：讲究以左为尊，左侧高于右侧。

当领导人数为单数时，排列顺序为7531246，如图5-11所示。

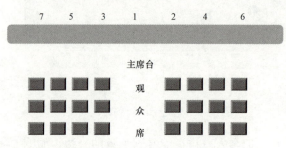

图5-11　国内政务会议主席台排座（单数）

当领导为偶数时，排列顺序为75312468，如图5-12所示。

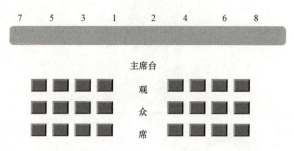

图5-12　国内政务会议主席台排座（双数）

实际操作中，如果要突出1号领导，将1号领导排在中心位置，适用于1号领导地位比较高。

（2）主持人座席。

安排方式包括居于前排正中央、居于前排的两侧或按其具体身份排座，但不能让其就座于后排。

③ 发言者席位

发言席的常规位置，可安排在主席团的正前方或主席台的右前方。

国际会议座次安排与国内会议相似，最大的区别是以右为上排定二号位。

2. 群众席排座

主席台之下的一切席位均称为群众席。

（1）自由式择座。

（2）按单位就座，可以按汉字笔画、汉语拼音，或者是平时约定俗成的序列。

二、会客室座次礼仪

在商务场合，经常会遇到小型的会面或者接待，一般安排在会客室就座。

（1）与外宾会谈，座次要求是主宾坐在右侧，主人在左侧，遵循"以右为尊"原则，翻译员分别坐在主宾和主人身后。

（2）与上级领导座谈，上级领导坐在左侧，主方在右侧，遵循"以左为尊"的原则。

三、沙发式座次礼仪

座次原则为：长沙发优于单人沙发；沙发椅优于普通椅；较高的座椅优于较低的座椅；距离门远为最佳位置。

任务实施卡

学习任务工单				
项目	项目五　位次排列礼仪	任务		5.4　掌握会务席位礼仪
知识目标	1. 了解会议座次安排的原则； 2. 掌握不同场合的会议座次安排方法。	能力目标	能够灵活掌握并运用会务席位座次礼仪。	素养目标
任务要求	1. 讨论 　作为大学生的我们，参加会议是习以为常的事，例如学生会、班会和座谈会，但是我们往往会忽略会议座次的讲究和礼仪。现在我们学完座次礼仪之后，请你谈谈今后参加学生会或座谈会，你会如何选择座次？开会期间还有哪些注意事项？ 　2. 创意题 　同学们在学完会务席位礼仪之后，了解了会议座次安排的原则和不同场合会议座次安排的方法，有利的场所能增加自己的谈判地位和谈判效果。请大家结合下面情境讨论一下该会议地点的选择和会议环境的布置。情境：德国法兰克福银行与慧眼国际咨询顾问公司在中国北京总部进行商务洽谈，德方一共有 5 人出席会议，请你们以小组为单位进行讨论，通过画图的方式标出洽谈双方的位次，并根据会议要求合理设计会场的布置。 　3. 总结 　请以小组为单位，总结出会议座次排序的口诀。			
任务实施记录				
任务考核评价	1. 请大家以小组为单位，积极参与讨论并请代表发言； 　2. 请以小组为单位结合任务要求完成会议洽谈的场地选择，以画图的方式展示会议的座次安排，并讨论现场的会议布置物品和服务礼仪； 　3. 挑选小组代表上台分享会议座次排序口诀，小组互评，教师点评。			

注：素养目标栏内容为"能够提升个人礼仪素养。"

134

任务 5.5　掌握宴会席位礼仪

知 识目标

- 了解中餐宴请的尊位确定及位次知识；
- 了解西餐宴请的尊位确定及位次知识。

能 力目标

- 掌握中西餐宴请时的尊位确定方法，位次排列方法。

素 养目标

- 培养学生的组织协调能力。

能 量小贴士

长幼有序，则事业捷成而有所休。——《荀子·君子篇》

小 案例

鸿门宴上的座次

在《史记·项羽本纪》"鸿门宴"的故事中，司马迁着意描述了宴会上的座次："项王、项伯东向坐；亚父南向坐，——亚父者，范增也；沛公北向坐；张良西向侍。"就是说，项羽和项伯面向东坐，范增面向南坐，刘邦面向北坐，张良面向西侍奉、陪席。这一描述看似寻常之笔，实则大有深意，它对表现人物的性格特征具有重要作用。

知 识 准 备

一、中餐席位礼仪

无论是便宴还是家宴，都讲究尊者的位次。在中餐席位中，主要考虑两个因素：位次排列、桌席排列。

（一）位次排列

宴会位次排列的原则：面门为上，居中为上，以右为上，以远为上，距离定位。

（1）单主位：先确定主人位，然后再以主人位为轴去确定其他位置。一般情况下，正对着门中央的位置就是主人位，通常主人位的正后方会有大背景或者装饰画，同时也可以看一下桌上的餐巾来辨认主人位。

每桌的主人位是谈话中心，并且由主人亲自服务于第一主宾和第二主宾。坐在主人位对面的这位是陪同人员，需要和服务员交流，保证宴请顺利进行。

中餐席单主陪宴会座次示意如图5－13所示。

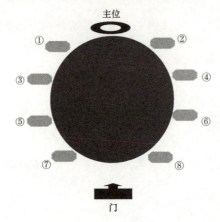

图5－13　单主陪宴会座次示意

（2）两个主位：同性双主人，比如单位的总经理和副总经理一起宴请。第一主位在面门居中的位置，第二主位在主位正对面，也就是背门的位置。形成双中心，方便更好地照应所有的客人。异性双主人：主宾和主宾夫人分别在男女主人的右侧。

商务宴请双主陪座次如图5－14、图5－15所示。

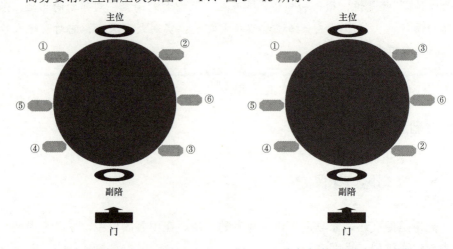

图5－14　商务宴请双主陪座次（同性双主人）　　图5－15　商务宴请双主陪座次（异性双主人）

主宾和主宾夫人分别在男女主人的右侧。

（3）背景为尊座次如图 5－16 所示。

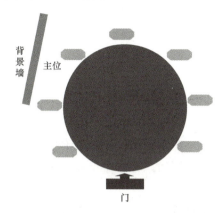

图 5－16　背景为尊座次

（4）观景为尊座次如图 5－17 所示。

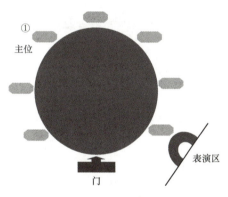

图 5－17　观景为尊座次

（5）居中为尊座次如图 5－18 所示。

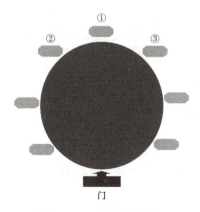

图 5－18　居中为尊座次

（二）桌席排列

多桌宴请决定餐桌高低次序的原则：以居中者为上，先排好主桌，其他桌子近高远低，平行时右高左低。

二、西餐席位礼仪

（一）一般场合下的西餐座次礼仪

与中餐礼仪略有不同，在西餐礼仪中，女士很重要。在位次排列中，我们需要优先安排女士的位次。例如，咖啡厅里女士应被安排在靠墙的位置，而男士坐在靠过道的椅子上。

在西餐中，只有正式的晚宴，其他都是简餐。

（二）西餐宴会席位排列的基本原则

1. 女士优先

一般女主人坐在主位，男主人坐在女主人对面。

2. 恭敬主宾

男女主宾应该分别紧靠女主人和男主人就座。

3. 以右为尊

男主宾位于女主人的右侧，女主宾位于男主人的右侧，依次排列。

4. 面门为上

面对门口者高于背对门口者。

5. 距离定位

距离主位越近，地位越高。

6. 交叉排列

男女交叉安排座位，熟人、生人交叉安排座位；夫妻要分开坐。在西方人看来，宴会场合就是拓展人际关系的，所以选择交叉排列。

西餐长桌位次排列如图 5-19 所示。

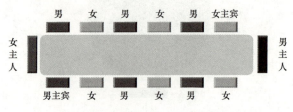

图 5-19　西餐长桌位次排列

（三）西餐宴会位次排列的具体方法

西餐横桌位次排列如图5-20所示。

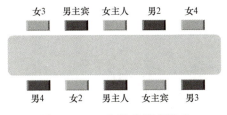

图5-20　西餐横桌位次排列

西餐竖桌位次排列如图5-21所示。

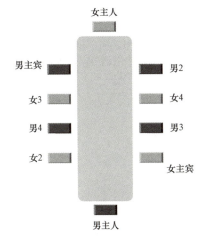

图5-21　西餐竖桌位次排列

西餐桌次的排列与中餐一致，主桌排列之后，其余桌次近者为高，右桌高于左桌，中间高于两边。

任务实施卡

学习任务工单					
项目	项目五　位次排列礼仪		任务	5.5　掌握宴会席位礼仪	
知识目标	1. 了解中餐宴请的尊位确定及位次知识； 2. 了解西餐宴请的尊位确定及位次知识。	能力目标	掌握中西餐宴请时的尊位确定方法，位次排列方法。	素养目标	培养学生的组织协调能力。
任务要求	情景模拟： 　　申华公司与永辉公司平时有业务往来，一天，永辉公司副总裁一行四人来到申华公司进行商务洽谈，洽谈很成功。为了庆贺，申华公司准备晚上宴请永辉公司的四人。 　　请将全班分成四人一组，每组选出小组长一名，根据上述情景和另一组结合，一起参与情景模拟训练，演示中餐商务宴请的座位安排。				
任务实施记录					
任务考核评价	请以小组为单位进行情景模拟训练，各小组互评，教师点评。				

知识进阶

一、填空题

1. 位次排列的具体方法是：（　　）、（　　）、（　　）、（　　）、（　　）。

2. 并行时，中央（　　）于两侧，内侧（　　）于外侧。

3. 上楼梯时，（　　）在前，下楼梯时，（　　）在后。陪同人员与客人都是相隔 1 到 2 个台阶。

4. 当女士穿短裙上下楼梯时，遵守"（　　）在（　　）"的原则，避免短裙走光。

5. 出入无人控制电梯，引导人员（　　），出入有人控制的电梯，引导人员（　　）。

6. 在乘车座次礼仪中，我们要考虑四个因素：（　　）、（　　）、（　　）、（　　）。

7. 乘坐 5 人座轿车时，如果时专职司机驾车，由尊到卑依次为（　　）、（　　）、（　　）、（　　）。

8. 乘坐 7 人座轿车或商务车，专职司机驾车时，司机后排为上座，也就是（　　）一排为上坐，（　　）一排为次座，（　　）为下座。

9. 乘坐大中型客车，座次的原则是由前向后，由（　　）向（　　）。

10. 乘车时应先为（　　）、（　　）等打开车门，请尊者先上车。

11. 背入式是将身体背向座位入座，将双脚同时收进车内，膝盖收拢后，面向前方。下车时与上车相反，先转腰，让双脚同时踏出车外，然后移出身体。主要针对穿（　　）的女士。

12. 不设主席位的座次原则是（　　）、（　　）、（　　）。

13. 如果遇到垂直于门的长条桌，进门后，客方应该坐在（　　）边。

14. 小型会议室座次安排的原则是（　　）、（　　）、（　　）、（　　）。

15. 国内政务会议中，主席台上的座位安排原则是（　　）侧高于（　　）侧。当领导为单数时，请你用数字 1 到 7 来安排顺序（　　）。

16. 国际会议主席台的座次安排原则是以（　　）为上排定（　　）号位。

17. 群众席的排座讲究以（　　）排位高，（　　）排位底的原则。

二、判断题

1. 周、秦、汉时，我国以"右"为尊。（　　）

2. 有一个成语叫虚左以待。意思是空着左边的位置，虚左表示对宾客的尊重。（　　）

3. 我们所讲的左和右，是以当事人的左和右来确定的。（　　）

4. 并行时的内侧指的是右侧，因为中国人靠右侧通行，右侧为尊位，也就

是内侧。（　　）

5. 单行行进时，前方高于后方，如果没有特殊情况，我们让尊者走在前方。（　　）

6. 在引领时忌用手指指路、指人，忌手心向下。（　　）

7. 商务礼仪中，副驾驶座又称为随员座，专供秘书、翻译、警卫、陪同人员坐。（　　）

8. 主人开车时，最重要的是不能令前排座位空着。（　　）

9. 如果主人夫妇开车送你回家，你坐在副驾驶座位，夫人坐在后排右座。（　　）

10. 乘坐吉普车，无论是谁驾驶，尊位是后排左座。（　　）

11. 最安全的座位是驾驶座后排中位，最不安全的座位是副驾驶座。（　　）

12. 乘坐面包车时司机后排右座为尊座。（　　）

13. 忌从同一车门随后而入，替客人关好车门后，从车尾绕到另一侧车门入座。（　　）

14. 在校期间，我们经常会参加学生会、班会或者座谈会，但是不需要讲究位次礼仪。（　　）

15. 国际商务会议中的排位原则是前排高于后排，中央高于两侧，右侧高于左侧。（　　）

参考答案

项目六　商务接待与商务拜访

任务 6.1　掌握通联礼仪

知识目标

- 掌握职场交往中的通联礼仪，包括电话、手机、微信和邮件。

能力目标

- 能够正确使用手机、电话、微信和邮件进行正确有效沟通。

素养目标

- 能够提升学生的人际交往能力。

能量小贴士

子曰："恭而无礼则劳，慎而无礼则葸，勇而无礼则乱，直而无礼则绞。"——《论语》

小案例

这样礼貌吗?

李老师：喂，是庄帅同学吗?

庄同学：喂，哪位?

李老师：我是李老师。

庄同学：嗯，什么事?

李老师：你昨天跟我请了病假，今天好些了吗?

庄同学：还行，但我还要多休息。

李老师：好的，那你好好休息，多喝水，还要注意饮食清淡。

庄同学：嗯，知道的。

随后庄同学先挂了电话。

思考

（1）接电话者的表现是否合乎电话礼仪规范？

（2）整个通话内容存在什么问题？

手 机 礼 仪

小张昨晚在公司加班到深夜，回家后非常疲惫，把手机关机，蒙头大睡。公司领导王总一早没看到小张来上班，于是找到小张的同事小刘询问当天需要的文件资料。小刘连忙给小张打电话，可是电话处于关机状态，王总因急需文件派小刘到小张家里找小张。当小刘找到小张时，他还在呼呼大睡。当小刘说明来意后，小张赶紧拿起手机拨通了领导王总的电话。小张躺在床上和领导讲话，告诉领导自己因昨晚加班而没有准时上班，且欲把加班情况向领导描述。王总在电话里非常生气，没有等小张说完就挂断了电话。

思考

（1）小张使用手机时忽视了什么？

（2）王总为什么不原谅加班的小张？

会场上的"明星"

小徐的公司应邀参加一个研讨会，这次研讨会邀请了很多商界知名人士以及新闻界人士参加，王总特别安排小徐和他一道参加，想带小徐见识一下大场面。

开会之前，小徐睡过了头，等他醒来赶到会场时，会议已经正式开始了20分钟，他急急忙忙地推开了会议室的门，只听"吱"的一声脆响，他一下子成了会场上的焦点，他刚坐下不到 5 分钟，肃静的会场上又响起了摇篮曲，大家都在猜想是谁放的音乐，原来又是小徐的手机，这下子，小徐可成了全场的"明星"，听说这件事情后不久，小徐便离开了公司。

思考

（1）小徐有哪些失礼之处？

（2）参加会议时应该如何正确使用手机？

知识准备

随着手机、电子邮件和一些其他现代通信技术的诞生，商业关系已经和以前的状况大不相同，现代科技众多自相矛盾的特点之一是：这些发明在方便人们联系的同时也疏远了人们的关系。因此，不管我们在什么地方，做什么事情，我们都能随时保持联络，但面对面交流越来越少，一个人很可能在不知道对方长相的情况下就能完成交易。因此，如果你具备良好的科技时代的交往礼仪，就可以利用通信工具在职场工作中建立良好的人际关系。

电话礼仪

一、电话礼仪

电话被现代人公认为便利的通信工具，在日常工作中，使用电话的语言很关键，它直接影响着一个公司的声誉；在日常生活中，人们通过电话也能粗略判断对方的人品、性格。因而，掌握正确的、礼貌待人的打电话方法是非常必要的。电话礼仪是当今联络感情最重要的方式之一，也是职场当中必备的一项礼仪修养，掌握电话礼仪对提高办事效率和协调业务关系起着至关重要的作用。

在没有见面的前提下，人们会通过你接打电话的方式以及在电话中的表现，对你的性格形象和职业素养进行无限的想象与描述，不规范的接打电话方式，不仅影响着你的个人职业形象，也影响到公司的商业信誉。

（一）拨打电话礼仪的三要素：时机、时长、语序

1. 时机

通话的时机有两个：一是选择对方方便的时间；二是遵守与对方约定的时间。

在职场中，上班时间是最适合打电话谈公事的，而找朋友叙旧适合放在晚上或者周末的时候。

商务场合的拨打电话时机应选择上班时间，上午 9 点前，晚上 10:00 后不要打电话，国际电话要考虑时差。如果遇到紧急事情，是可以给对方打电话的，但是要先致歉并说清楚原因。如果对方正在忙，没有机会接到你的电话，可以采用预约的方式，但是约好时间要做到守时。

2. 时长

电话礼仪当中，有所谓的三分钟原则，讲究以短为佳，少说废话。如果事情没法在三分钟之内说清楚，那应在电话结束时略表歉意。

3. 语序

拨打电话时应主动自报家门，这样可以消除陌生感，拉近彼此的距离，记住永远不要让接听电话的人像挤牙膏一样跟你对话。打电话时少说客套话，言简意赅，直奔主题。因此，拨打电话前可以事先罗列一下通话的要点。

（二）接听电话的礼仪

接听电话应做到响铃三声时接起，如果因为特殊原因铃声响了好久才接电

话，要在第一时间向对方说明原因，表示抱歉。

接听电话的礼仪要点：

（1）如果是工作电话应该先自报家门，例如：您好，这是××××公司。

（2）不方便接听电话时，要礼貌地向对方说明原因，表示歉意。

（3）若同时接听两个电话，可先向第一个通话对象说明原因，请其稍等片刻，然后立即接通另外一个电话。

（4）电话铃响时，若正与人交谈，应向交谈对象致歉，如：对不起，我需要接一下电话，请稍等。

（5）善待错拨电话，如有可能，还可向对方提供帮助，切忌因对方拨错电话，而勃然大怒。

（6）通话终止时，勿忘道别。

（三）电话沟通表达

1. 通话时要做到讲礼貌。

（1）接听电话的人。

作为接听电话的人，要做到三声之内接听电话，可以说："喂，您好。这里是东方科技有限公司前台，请问您找哪位？"如果在电话铃响之际，当时有客人在场，则应在向客人致歉并征得同意后再去接电话。如果前台有事在忙，超过三声铃响才接起电话，应首先向对方致歉："您好，不好意思，让您久等了。"

接电话者如果需要转达，则应取过纸笔当场记下，通话内容中涉及重要的信息，例如日期、时间、号码等，都需要认真记录并再三重复确认。这一良好习惯，可以提高你的通话效果，保证通话质量。等对方要找的人回来后应立即转达，以免耽误工作。

（2）拨打电话的人。

拨打电话的人也要使用礼貌用语，首先自报家门，告知接电话者自己的单位和姓名，并告知接电话者要找哪位。

如："您好，我是泰和技术有限公司的销售经理沈磊，想请您找一下李健先生听电话，好吗？"如对方说"请稍等"答应找人，接电话者则应在"谢谢"后握住听筒敬候，不可丢下电话去做其他事情，如果对方告诉所找之人不在时，不应鲁莽地将电话挂断，而应当说"谢谢，麻烦您转告他回来以后给我回电话"或者说"谢谢，打扰了，我之后再联系"。

2. 通话时声音质量很重要

在电话过程中，声音质量也至关重要，因此拨打和接听电话者都应吐字清晰，音量适中，语速正常，面带微笑，情感饱满，这样会给对方留下美好的印象。

手机礼仪

二、手机礼仪

手机礼仪是指平常使用手机时应该注意的一些小细节。无论是在社交场所还是工作场合放肆地使用手机，已经成为礼仪的最大威胁之一，手机礼仪越来越受到关注。

（一）使用手机的礼仪

1. 得体的手机铃声

在职场中，参加任何一场会议都应做到手机静音，同时要使用得体的手机铃声才是符合礼仪规范的。

2. 面前的人，比来电更重要

与人交谈时，不要偷偷关注手机。如果有重要电话需要接，要向对方说明，要表现出对交谈者的尊重。

3. 接听手机时，不要秒变大嗓门

在公交、地铁、飞机、电梯、楼道、人行道、医院等地，应尽量避免接打电话，因为不但通话质量不佳，而且会打扰到空间中的人，如果不得不接打，则应注意声音时长，长话短说，尽快结束通话。

4. 切记在封闭的公共空间讲私人电话

比如在大厅式的办公室、咖啡馆、餐厅、洗手间等，尽量不打私人电话，以避免他人探听你的私生活。

5. 不应让他人降低音量来配合你的私人通话

6. 请将手机放在别人看不到的地方

在一线商务场合中，手机都没有一定要出现的必要，应放在合乎礼仪的地方。更不要对着正在聊天的客户，不要随意拿在手中，挂在胸前。放在随身携带的公文包里是最正规的位置，或者是外套的内衣口袋里。

7. 以下场合，请将手机设置为静音或振动

电影或演出时、会议中、讲座中、洽谈时、图书馆等场合，都应将手机调至静音模式。

8. 24 小时内回复电话或短信

若别人给你拨打电话，你因为各种原因没有接到，应及时回复，对待短信也是一样。

手机礼仪既有电话礼仪的共性要求，又有其特殊的要求。手机的基本特点是可移动，因此，手机使用者要特别注意顾及周围人的感受，通话语气要保持平和。

在使用手机时，不要让那些急于联系自己的人，因联系不上自己而焦虑，

邮件礼仪

因此要保持开机状态，在不便接听电话的情况下，一有机会就要及时向对方说明原因并致歉。和他人交谈时，若手机铃响，应向谈话对象先致歉并征得对方同意之后再接听电话。

三、邮件礼仪

邮件是大家非常熟悉的一种联络工具，进入职场后，你会发现电子邮件是适合客户、合作单位、同事等联络沟通最有效的方式，不会打扰人。邮件也是全世界无数管理人士首推的职场沟通方式，如果使用不恰当，就会给收件方带来困扰，留下不好的印象。

（一）发送邮件的礼仪

1. 发邮件前，要想清楚这件事是否适合用邮件来沟通

不要滥用邮件，邮件可以用来做简单的沟通，比如通知合同、安排预约、跟进谈话、发送文本附件等。而更重要的问题，比如讨论合作细则就需要安排面对面沟通或者电话联络。

同时要注意，电子邮件容易泄露秘密。私密的事、敏感的信息，应该用电话，因为电子邮件容易被复制、转发或打印。

2. 把握好邮件的最佳写作次序

邮件最佳的写作次序是：附件、正文、标题、收件人。

邮件一定要有标题，标题应该简短明确，与邮件内容相关，否则接收者可能会误删。

3. 正文内容言简意赅，使用倒金字塔来进行叙述

简洁是发邮件时必须遵守的规则，如果你希望在邮件中更好地表明自己的意思，应该使用倒金字塔的方式。

一份明确的邮件应该分点叙述，各点之间不出现重复。更好的邮件会罗列出不同的模块和紧急性、重要性，并用不同颜色标注。

4. 称呼、问候以及签名栏要正式

一般企业里的工作邮件都会提供固定的规范模板，员工可以直接套用，如果没有，要注意邮件里的称呼和问候规范。

5. 及时跟进邮件进度

如果是重要邮件或需要对方尽快回复的邮件，在发完后应电话或短信通知对方，千万不要假定自己发送的邮件已被对方收到。

6. 切记反复发同样的邮件

如果你发送的邮件对方没有回复，可以发送一封不同的邮件，解释及时跟进的原因。如果发重复的邮件，会显得你急躁，会给对方带来困扰，也可能导致你的信息被忽视，被当成垃圾邮件。

7. 不要轻易地将邮件抄送给一堆人

如果你有必要向一群人同时发送邮件的话，那么每一位收件人都应该与这份邮件所谈的事情相关。

（二）接收邮件的礼仪

（1）收到邮件后应快速回复，不方便时应提前告知别人。

（2）收到邮件后，无论何时能回复，都要先告知对方已收到邮件。

（3）如果接收者不在办公室，请假外出，需要在邮箱里更新此信息。

（三）注意事项

1. 情绪控制

在职场中，应避免发出带有情绪的邮件。例如解雇公司员工、批评员工，或终止合同，这些情况不要以邮件的形式沟通，最好是当面解决。因此，需要学会控制情绪，避免出现在情绪激动或发火的时候发送邮件，建议花些时间冷静下来，在邮件发出之时再读一遍，避免出现让自己后悔的内容。

2. 公私分明

"公私分明"一词，常用来形容一个人的品德操守，作为现代职业人，将公家的与私人的界限划分清楚非常必要。不假公济私，也不因个人私务而影响公务。

四、微信沟通礼仪

微信沟通
礼仪

微信沟通可以节省沟通成本，也可以提高时间效率。在见面扫一扫的时代，如何让我们的微信使用也合乎礼仪？

在互联网快速发展的时代，网络礼仪也变得越来越重要，它关系到一个人的修养和内涵。在互联网上，人与人之间的交流由于各种因素，对方未必可以完全正确理解你所表达的意思，容易陷入"言者无意，听者有心"的困境，所以，必须更加注意自己的网络沟通规范，语言表达的遣词造句和礼貌礼节。

（一）微信聊天礼仪

1. 自报家门

微信聊天时，自报家门，是最基本的礼仪。

2. 勿随意推送名片

未经对方允许，不要将其微信名片推送给他人。可以先询问找人的目的，再跟另一方事先沟通一次，你拉个小群，让他们互相认识，随后的事情不用多管。

3. 勿随意使用语音聊天

在开启语音聊天时，一定要先站在对方的角度考虑一下接收语音的人是否方便；即便微信语音可以转换文字，也可能有很多客户的普通话并不标准；如果一定要发，可以先礼貌地征求对方的意见，问对方是否方便。

4. 有事说事，别问"在吗？"

对于职场中的商业人士来说，时间是非常宝贵的，需要通过微信沟通时，开门见山没什么不好。因此，建议如果用"在吗"之后，应立刻告知对方你要沟通的事情。

5. 发送文件前，需问对方是否方便

对于小流量的手机而言，通过微信接收文件就是一场灾难。如果要向客户发文件，可以这么做：

（1）提醒对方先登录微信电脑端或网页版方便收取文件。

（2）将文件上传至网盘，分享网盘链接。

（3）询问对方邮箱账号，直接发送至邮箱。

6. 表达谢意慎发红包

如果需要向对方表示谢意，其实表达方式有很多，可以找合适的机会回报。

7. 及时回复是美德

如果你是信息接收方，请及时回复别人的信息；如果你是信息发送方，学会等待是一种美德。如果你不能及时回复，也需要向对方说明。

8. 拉人进群前先获得同意

在职场中，不要随意拉人进群，除非是为对方解决问题。为了维护关系，别人会陷入想退群，又不好意思退群的境地。

9. 逢年过节，请勿群发祝福语

逢年过节，可以通过送祝福的方式拉近友谊，所发送的祝福内容不应是群发或转发，最好是自己编辑祝福文字，这样可以使对方感受到你对他的重视和尊重。

10. 正确使用微信群

微信群往往是一群一主题，群聊内容中如果两个人的对话较多，不要当着大众的面持续交流，应该私聊。群聊时切记发连续的表情包轰炸。

如果满屏都是文字、表格、文件、语音，会让有价值的信息犹如大海捞针，爬楼很辛苦。

（二）微信朋友圈礼仪

1. 朋友圈要分组

朋友圈应该设置一下分组标签，微信里设置的朋友上限是 5 000 人，因此，所发的朋友圈内容要考虑一下是否会打扰到不相关的人，如果你需要在朋友圈里打广告，不要太多，也不要太直白。

2. 发图要有同理心，思想正确"三观"正

在朋友圈里使用的图片要体现正能量，违反国家法律、政策、造谣、色情、反动、暴力、血腥的内容都不要发。

3. 分享自拍有节制

在朋友圈里，有些人会用他/她的精彩生活来刷屏，但要注意分享应该有节制，否则会让人感到粗暴无礼。

4. 不要在别人发的朋友圈评论里聊天

很多时候，我们会注意到，他人发的朋友圈下面有一长串的聊天评论，需要注意如果聊天内容和所发的朋友圈内容没有关系，不建议在评论里大量聊天，占用空间。

5. 转发信息要自我评估

转发的信息要先落实，避免微友受骗上当，杜绝强制性或诅咒性的信息转发，同时注意在转发那些需要捐款、捐助的信息时，要自己先落实一下。

任务实施卡

<table>
<tr><td colspan="6" align="center">学习任务工单</td></tr>
<tr><td>项目</td><td colspan="2">项目六　商务接待与商务拜访</td><td>任务</td><td colspan="2">6.1　掌握通联礼仪</td></tr>
<tr><td>知识
目标</td><td colspan="2">掌握职场交往中的电话礼仪，包括电话、手机、微信和邮件。</td><td>能力
目标</td><td>能够正确使用手机、电话、微信和邮件进行正确有效沟通。</td><td>素养
目标</td><td colspan="2">能够提升学生的人际交往能力。</td></tr>
<tr><td>任务
要求</td><td colspan="5">
1. 讨论
① 同事的座机电话可以代接吗？
② 同事的手机可以代接吗？为什么？
③ 如果对方手机一直响个不停，给工作环境造成干扰，你会怎么处理？
2. 情境模拟
同学们需要在本任务中演练、接打电话过程中的各种相关礼仪知识和技能。
情境1：
人物：Tina 是赛风童趣益智产品研发公司的经理助理
　　　Thomas Liu 是香港庆峰责任有限公司市场部经理
事由：Thomas Liu 需要和朱总通电话，询问接下来的商务合作和商务谈判的安排。
请同学们根据以上内容设计对话并进行接打电话的演练。
情境2：
人物：A 公司的市场部经理威廉先生
　　　B 公司质检部经理查理先生
事由：B 公司发现所订购的模具中存在质量问题，不能正常使用，需要 A 公司给出解决方案并重新安排发货。
请同学们根据以上内容设计对话并进行接打电话的演练。
情境3：
人物：Tina 是赛风童趣益智产品研发公司的经理助理
　　　Peter 是澳门一家商务公司的销售经理
事由：Peter 先生需要到赛风童趣益智产品研发公司的上海总部进行现场考察，需要预约会面时间，询问交通路线和酒店。
请同学们根据以上内容设计对话并进行接打电话演练。
3. 接听电话的礼貌用语练习
您好，请问您是××公司××部门吗？
您好，能帮我找×××接电话吗？谢谢！
您好，您请讲。
您放心，我会尽力办好这件事。
不用客气，这是我们应该做的。
您好，请问您有什么事？
对不起，我打错电话了。
对不起，让您久等了。
对不起，这项业务请您向××部门咨询，他们的办公电话是0512-43940668。
不好意思，刘总外出不在，我可以替您转告吗？
请您稍后再来电话，好吗？
您好，我是×公司××部门的××，请问如何称呼您？
</td></tr>
</table>

任务要求	您好，这里是××公司××部门，请问您找哪位？ 您打错号码了，我是××部门……，好的，没关系。 请稍等，我这就去看看您要找的王科长在不在。 对不起，这个问题我需要查看一下相关资料和数据，请您留下联系方式，我们研究后给您答复，您看可以吗？ 请同学们以小组为单位朗读以上电话礼貌用语表达。
任务实施记录	请大家写出以上 3 个情境模拟的对话内容。
任务考核评价	1. 请同学们以小组为单位，结合任务要求完成 3 个部分的实操练习； 2. 教师挑选小组代表上台展示各部分的完成情况，小组互评，教师点评打分。

任务 6.2　掌握商务接待礼仪

知识目标

- 熟悉商务接待基本流程；
- 掌握商务接待的礼仪要求和规范。

能力目标

- 能够在商务接待中做到亲切迎客、热忱迎客、礼貌送客；
- 能够合理制订重要宾客的商务接待计划。

素养目标

- 培养严谨的工作态度和工作作风。

能量小贴士

国尚礼则国昌，家尚礼则家大，身尚礼则自修，心尚礼则自泰。——颜元

小案例

案例一：

小李的接待为什么被批评？

　　小李是公司新入职不到两个月的员工。在这不到两个月的时间里，小李自以为是大学生，在业务接待中对顾客爱理不理，态度非常冷淡。他认为：我是大学生，搞业务如果还赔着笑脸、"低三下四"地接待，那岂不成了侍候他们了！再说了，每天的工作都不清闲，哪还有那么多精力去赔笑脸？甚至有一次，一位白发苍苍的老人前来了解业务，小李有一搭没一搭地应付老人，老人在小李面前一直站着说话、半蹲着身子写材料前后近半小时，而小李没有起身请老人坐下说话，也没有给老人端杯水。正好经理巡视路过，看到此景象，在月末的大会上点名批评了小李。经理说这样的接待行为无疑严重影响了企业形象，绝不允许这样的行为再发生。

思考

请分析小李的接待有什么问题，从中你受到什么教育？

案例二：

小张错在哪里

小张大学毕业后在扬州昌盛玩具厂办公室工作。中秋节前两天办公室陈主任通知他，第二天下午 3:00 本公司的合作伙伴上海华强贸易有限公司的刘君副总经理将到本市（昌盛玩具厂的出口订单主要来自上海华强贸易有限公司），这次来的主要目的是了解昌盛玩具厂是否有能力、有技术在 60 天内完成美国的一批圣诞玩具订单。昌盛玩具厂很希望拿到这份利润丰厚的订单，李厂长将亲自到车站接站。由于陈主任第二天将代表李厂长出席另外一个会议，临时安排小张随同李厂长一起去接刘副总经理。小张接到任务后，征得李厂长同意，在一个四星级宾馆预订了房间，安排厂里最好的一辆车去接刘副总经理。

第二天上午，小张忙着布置会议室，通知一家花木公司送来了一批绿色植物，准备了欢迎条幅，又去购买了水果，一直忙到下午 2:30。穿着休闲服的小张急急忙忙随李厂长一起到车站，不料，市内交通拥挤，到车站后发现，刘副总经理已经等待了十多分钟。李厂长不住地打招呼，表示抱歉。小张也跟着说，厂子离市区太远，加上路上堵车才迟到的。小张拉开车前门请刘副总经理上车说："这里视线好，您可以看看我们扬州的市貌。"随后，又拉开右后门请李厂长入座，自己急忙从车前绕到左后门上了车。车到达宾馆后，小张推开车门直奔总台，询问预订房间情况，为刘副总经理办入住手续。刘副总经理提行李跟过来。小张将刘副总经理送到房间后，李厂长与刘副总经理交流着第二天的安排。小张在房间里转来转去，看是否有不当之处。片刻后，李厂长告辞，临走前告知刘副总经理晚上 6:00 接他到扬州一家著名的餐馆吃晚饭。

小张随李厂长出来后，却受到李厂长的批评，说小张经验不够。小张觉得很冤枉，自己这么卖力，又是哪里出错了？

 思考

根据上述案例指出小张哪里出错了，并说明原因。

🔵 **知识准备**

中国是礼仪之邦，自古以来都讲究以礼相待。随着经济的快速发展，礼仪在商务活动中显得尤为重要，而其中的接待礼仪有时就成为决定商务活动成败的因素之一。

一、商务接待礼仪的作用及类型

1. 商务接待礼仪的作用

商务接待是指商务活动中迎来送往的一系列招待活动。其作用有：

（1）推动商务活动顺利完成。商务接待礼仪做得好，不仅可以给合作对象留下良好的印象，促进商务合作的顺利进行，还能奠定双方继续合作的基础，以达到商务活动双方互惠互利的双赢局面。

（2）推动职业人士顺利完成工作。在商务活动中，迎来送往是社会交往活动中最基本的形式和重要环节，是表达主人情谊、体现礼貌素养的重要方面。职业人士在商务活动中尽地主之谊，为客人提供方便，热情相待，让客人高兴而来，满意而归，为职场社交提供有力保障，也是职业人士事业蓬勃、人情练达的标志。

2. 商务接待礼仪的类型

商务接待的类型有两种：

（1）日常接待。

也就是不需要在人力、物力上做特殊准备的接待工作，这种接待随时都有。

（2）隆重接待。

这种接待需要在物质上做准备、人员上做调配。

不论哪种接待，都是希望来访者能乘兴而来，高兴而归。为达到这个效果，在接待过程中就要遵守平等、热情、友善、礼貌的基本接待工作礼仪规范。

二、接待的准备

商务人员要做好各项接待工作，就要做好环境准备、物质准备和心理准备。商务接待工作必须细腻周到，达到宾至如归的理想境界。

1. 接待环境的准备

接待环境可以分为硬环境和软环境。硬环境包括室内空气、光线、颜色、办公设备及室内布置等外在的客观条件，软环境包括接待室的工作气氛、接待人员的个人素养等。接待室要保持清洁、明亮、整齐、美观，让人进入后感觉有条不紊，充满生机。接待人员要随时将接待室整理妥当。

接待室的环境好坏，对人的行为和心理都有影响。室内通风与空调设备对提高接待工作的质量也很重要。室内照明要柔和明亮，要保持肃静安宁。

2. 接待室的物质准备

接待室应该准备好座位、茶水和电话，方便客人休息和对外联络。为了使接待室生机盎然，可以在窗台或屋角布置盆景和花卉，也可以添置衣帽架和书报杂志，方便客人使用。

接待场所的用品要精心准备，要求坚固耐用、美观大方、实用。

3. 接待人员的心理准备

商务人员要进行正确的接待工作，要做好适当的心理准备。接待的基本要素是要有诚心诚意的态度，待人接物应热情开朗、温存有礼、和蔼可亲且举止大方。只有站在对方的立场上，有一颗诚挚的心，才能在接待中将心比心，表现出优雅、感人的礼仪。那种"门难进、脸难看、话难听、事难办"的现象，令人反感。

要做好接待工作的心理准备，重要的是学好礼仪常识，塑造自身的良好形象。特别是对于仪容、仪表、仪态等知识，要有一定程度的了解和积累。良好的工作形象是由内而外的综合表现，并且要经过长时间的训练，因此，平时就要练就一身"真功夫"，这样才能应对自如、得体。

三、接待的基本礼仪规范

商务接待

1. 日常接待

迎客、待客、送客是接待工作中的基本环节，也是一整套接风送行的礼仪要求。接待来访的客人，必须遵循礼貌、负责、方便、有效的原则。虽然领导不可能接见所有来访者，但是所有来访者都必须受到接待人员礼仪周全的接待。从客人踏进办公室到客人离开办公室，接待人员都是代表单位的领导接待客人，接待的态度如何，往往会对单位的形象产生重要的影响。

（1）迎接客人。

迎接是给客人良好第一印象的最重要的工作。给对方留下好的第一印象，就为下一步深入接触打下了基础。因此，迎接客人要有周密的布置。

当看到客人来的时候，应马上放下手中的工作，站起来，礼貌地招呼一声"您好，欢迎"。一般情况下不用主动和来访者握手，如果来访者主动把手伸过来，你要顺其自然，最好能立即确定对方从何处来、叫什么名字。

对于预约的来访者，在来之前，要有所准备，要事先记住对方的姓名，当来访者应约而来时，要热情地将其引入会客室，立即向上司通报。遇到未预约的来访者，也应热情友好，让客人感觉到是受欢迎的。询问客人的来意，再依当时的情况，判断适当的应对方法。如果需要上司接待，要先问清上司是否愿意和是否有时间接待。假如上司正在开会或正在会客，并同意见客，可请临时来访者稍等一会儿；如果上司没时间接待，可记下对方的要求，日后予以答复，但不能推诿、敷衍。

如果接待的是已确定好的来访团组，则通常应根据上司的意图拟订接待工作方案，包括来访客人的基本状况（公司名称、来客人数、日期、来访目的、要求）、公司接待的详细安排（接待日程、各类接待人员名单、主要活动、日常迎送往来事务性工作），经上司批准后，分头布置各方面按接待方案落实。接待结束，接待人员应对整个接待工作进行总结，写成报告，作为存档资料。

（2）引领客人。

接待过程中，见到客人后要迅速告知对方所去之地，然后再引领客人前往。引导人员离开后要迅速告诉相关领导有客人来访，以免客人久等。

（3）待客敬茶。

一般的来访，特别是预约的来访，敬茶是最起码的礼貌，如果有选择余地，应告诉客人都有哪些茶，征询他们的意见。

倒茶的时候，根据民间"浅茶满酒""茶洒欺人，酒满敬人"的说法，控制好茶水倒入杯中七八分满就可以了。

端茶要注意，要双手给来宾端茶。对有杯耳的杯子，通常是右手抓住杯耳，左手托住杯底，从来宾的右后方送上茶水。站到来宾右后方的时候说"对不起，打扰一下"，放下茶后说"请用茶"或"请您用茶"。

倒茶的顺序坚持客人优先。如果是多位来宾，就要依职位高低顺序，依次上茶。自己公司的成员也按职位高低，先后上茶。

续水时，如果是带盖的杯子，则要用左手的食指和拇指拿着茶杯盖子，右手倒茶。如果要将盖子放在茶几上，则要将盖口朝上。如果茶杯上有图案，则要将图案朝向客人一侧，茶杯盖上的图案要与茶杯的图案方向一致。如果使用一次性的杯子，最好同时使用杯托，对重要客人要使用有盖子的瓷杯，同一批客人都要用同一种杯子。

招待茶点时，最好把茶点放在托盘里，再送到客人面前或客人左前方。

（4）礼貌送客。

如果要结束接待，可以婉言提出。例如："对不起，我要参加一个会议，今天只能到这里了。"也可用起身的身体语言告诉对方，就此结束这次接待谈话。

来宾告辞，一般应婉言相留。来宾要走，应等来宾起身后，自己再起身相送。根据与来宾的关系，可将来宾送到门口或电梯口。

当送客至门外时，要向对方表示感谢，说："我就不远送了。谢谢您的来访。"

当送客至电梯口前，客人进入电梯后电梯门开始闭合时，微微鞠躬，表示道别，直至电梯门完全合上。

当送客至上车时，客人上车前，再次寒暄鞠躬。客人离去时，要目送对方直至远去。

2. 隆重接待

（1）准备工作。主要包括：

① 了解来访情况。

要了解来访者的人数（包括男女人数）、身份，所搭乘的交通工具，到达的具体时间，甚至还包括饮食习惯、宗教信仰。这样方便安排接待、住宿、用餐，也可以在一定程度上规避忌讳，防止不必要的冲突发生。

② 安排接待人员。

负责接待的人员要仪表大方，举止得体，口齿清晰，文化素养高，最好受过专门的礼仪训练。

③ 选择住宿地。

为客人选择住宿地，既要考虑来宾的身份，又要符合来宾单位的具体规定和国家的政策。还要考虑住宿地的交通、环境、卫生、饮食、气温、朝向等因素。另外还要考虑来宾有无特殊信仰或生活习惯。如是外宾，应先考虑安排他们入住国际连锁酒店，这样在环境、语言、饮食上更符合其习惯。

④ 接待的具体事项准备。

要明白此次接待所讨论的问题，对来宾谈什么、怎么谈，承诺什么、怎么承诺，询问什么、怎么询问等问题。要做到心中有数，这样才能迅速规范地做出反应。

如果要张贴欢迎海报、悬挂欢迎横幅，一定要张贴、悬挂在显眼的地方，还可以适当准备些水果、饮料等。

（2）安排接待规格。

接待的规格要根据来宾的具体情况而定，一般以接待者身份与来访者身份对等即可。

接待规格主要有以下三种：高规格接待、同等接待、低规格接待。接待规格要事先确定，安排好接待人员，对所有来访者都要一视同仁，平等对待。

（3）现场接待。

要掌握客人到达的时间，保证提前在迎接地点等候。接站时最好准备一块迎接牌，上书"欢迎×××"，同时在出口处高举迎接牌，这样既便于让客人看到，又能给客人良好的第一印象。

接到客人后，应致以问候和欢迎，同时做自我介绍。问候寒暄之后，要主动帮助客人提取、装卸行李。拿行李的时候不要拿客人的公文包或手提包。

上车的时候要让客人先上。打开车门用手示意，等客人坐稳后自己再上车。如果客人由领导陪同，就请领导坐在客人旁，自己坐在前排司机旁边。如果只有客人时，在客人入座后，不要从同一车门随后而入，而应关好门从车的尾部到另一侧车门入座。

在客人去酒店的途中，要注意询问客人在此逗留期间有无私人活动需要代为安排。可以在路上把日程安排、活动安排介绍给客人，如果还有时间而客人又有兴趣的话，可以介绍一下沿途的景致，如果感觉客人很疲倦，在简明地介绍过后，就不要再打扰了。

下车的时候，自己先下，为领导或客人打开车门，请他们下车。在住宿过程中，如果需要共同组合入住双人间的话，应把情况向客人说清楚，并由其自由组合。

把客人送到酒店房间后，接待人员应记下客人的联系方式、房间号及房间电话。如多位客人同行，记下一位联络人的电话即可。

（4）安排探望。

接待人员应及时把客人的情况，如姓名、职务、房间号、电话号码等信息提供给有关人员。在客人稍事休息后，相关人员应择时前来探望，一般在来宾入住后两小时探望比较合适。安排探望应事前让来宾知道，以便让来宾心中有数。

（5）送客礼仪。

送客礼仪是接待工作的最后一个环节，客人要离开的时候，可以再礼貌性地进行挽留。送行的时候，最好由已经同客人熟悉的人士送。可以是同级别的，也可以是身份低一点的。

送别时应说"慢走""走好""再见""欢迎下次再来""合作愉快""祝一路平安""万事如意"等道别的话。

如果送客送到车站、码头，就要等车、船开动后消失在视线以外再离开；如送到机场，要等客人通过安检之后再离开。

接待礼仪的注意事项：

（1）一般的宾客在办公室接待。谈话时应少说多听为佳，切忌隔着办公桌与来访者交谈。

（2）切忌让宾客坐冷板凳。假如有事暂不能接待，要安排有关人员接待来客。

（3）切忌在与宾客交谈时，不着边际胡吹乱侃。

（4）敬茶时，忌茶具不洁，忌捧着滚烫的茶具，匆忙地放在客人面前。

（5）如果是在办公室，当客人提出告辞时，主人要等客人起身后再站起来相送。切忌自己先于客人起身。

（6）当客人要告辞时，主人千万不要硬拉着，也不可大喊大叫挽留客人。更不能只忙自己的事，甚至连眼神都没有转到客人身上。

（7）主人千万不能在客人刚出门时，就"砰"的一声将门关上。

（8）如果到车站、码头、机场送别时，不可表现得心神不宁或频频看表，以免使客人理解为催他赶快离开。

任务实施卡

学习任务工单				
项目	项目六　商务拜访与商务接待	任务	6.2　掌握商务接待礼仪	
知识目标	1. 熟悉商务接待基本流程； 2. 掌握商务接待的礼仪要求和规范。	能力目标	1. 能够在商务接待中做到亲切迎客、热忱迎客、礼貌送客； 2. 能够合理制订重要宾客的商务接待计划。	素养目标	培养严谨的工作态度和工作作风。
任务要求	1. 下列是接待客人时会碰到的一些问题，应如何应对？ （1）客人已经到了会议室，自己正在讨论的工作还未结束时，你该怎么办？ （2）你引领的客人已到了，但会客厅的客人还未走，你该怎么办？ （3）经理正在接待上一批客人，还需要一段时间，又一批客人已经到了要求见经理，你认为应该怎么办？ 2. 茶水服务有哪些注意点？			
任务实施记录	1. 接待客人时一些特殊情况的应对： （1）客人已经到了会议室，自己正在讨论工作还未结束时，你该怎么办？ （2）你引领的客人已到了，但会客厅的客人还未走，你该怎么办？ （3）经理正在接待上一批客人，还需要一段时间，又一批客人已经到了要求见经理，你认为应该怎么办？ 2. 茶水服务有哪些注意点？			
任务考核评价	1. 问题回答考虑全面，符合礼仪规范； 2. 知识点全面。			

任务6.3　掌握商务拜访礼仪

知 识目标

● 掌握商务拜访前的准备和公司拜访知识点。

能 力目标

● 能够灵活运用商务拜访礼仪，做到知行合一。

素 养目标

● 培养学生塑造良好的第一印象；
● 培养学生自觉地维护个人和企业的形象；
● 培养学生分析问题和解决问题的能力。

能 量小贴士

"工欲善其事，必先利其器。"——《论语·卫灵公》

小 案例

无礼的销售员

一天，居民王女士家的门铃突然响了。正在忙着操持家务的王女士打开门一看，门口站立的是一位戴着墨镜的、穿着商务套装的不相识年轻男士。于是，她客气地问："请问您是？"这位男士不摘墨镜，而是直接从上衣口袋里摸出一张名片，递给了王女士："您好女士，我是中国人寿保险公司的销售员，我主要负责我们这片地区的保险业务。"王女士接过名片，看了一下，确定他是保险销售员。但是这位销售的形象却让她有点反感，便说道："不好意思，我们不投保险。"当她想要关门时，这位男士的动作却很敏捷，用一只手顶住了门，并很不礼貌地将一只脚挤了进来。王女士怒斥道："你怎么回事啊？我说了不买保险，为什么还要强行进来？再这样，我报警了！""女士，您别误会，我没有要冒犯您的意思，只是想和您进一步说话，您看，你们家装修这么时尚，一定也花了不少钱吧！可是天有不测风云，人有旦夕祸福，万一发生了什么灾难，比如火灾，再重新装修的话，势必要花更多的钱，倒不如您现在就买一份保险。这也是给自己的一份保障嘛。"这位男士笑着说。王女士越听越生气，光天化日之下竟然有人闯进门来诅咒她的房子，于是她硬是把年轻男士赶了出去。

 思考

（1）年轻男士为什么会被赶出去？

（2）假如你是这名保险销售员，你会如何拜访客户？

到底谁没礼貌

在公司里，我拥有独立的办公室。一次，由于天气有些闷热，便打开了办公室的门。几分钟后，我正在专心致志地工作时，突然有个人没有敲门，就径直走到我眼前，大声地说："女士，您好，打扰一下。"

当时的我毫无心理准备，顿时被他吓愣住了，还没等我开口，他马上抢先道："我是某公司的销售人员，主要销售企业内部管理系统，我们的系统非常便捷安全，您看您是否需要……？"

他不停地向我介绍他们的产品，根本不给我说话的机会，还把他的公文包直接放在了我的办公桌上，我当时二话没说，把他请了出去，那人莫名其妙地看着我说："真没礼貌。"

 思考

到底是谁没礼貌？案例中的销售员存在哪些问题？

知识准备

成功的商务拜访能够使业务关系取得阶段性的进展。商务人员在商务拜访中的礼仪表现，不仅关系到本人的职业形象，还涉及所代表的组织的形象。

一、商务拜访前的准备

商务拜访

（一）事先预约

在商务拜访中，不做不速之客，提前预约是最起码的礼节。

1. 预约方式

商务拜访中的预约可以选择电话预约、书面预约或当面预约三种方式。

2. 时间和地点的选择

商务拜访中时间应选择双方都认为合适和方便的时间，通常可在上班时间拜访，忌在周一一大早或周五下班前拜访，忌在对方的休息及用餐时间、重要会议时间拜访。拜访地点通常选择在办公室。

3. 约定拜访人数

在预约拜访时，向对方通报拜访的人数和各自的身份，忌没有通知主人，而随意增加拜访的人数，给对方造成不必要的干扰。

（二）心理准备

对于拜访者来说，要明确拜访目的，理清思路，确定拜访主题。忌在拜访时仓促而去，主次不分，既浪费了受访者的时间，也会给对方留下不好的印象。因此，在拜访前做好心理准备，也可以提升拜访中的心理素质和自信心。

（三）材料准备

在商务拜访前需要了解受访者的基本情况和资料，拜访者要事先为自己列好一个提纲，准备好书面材料，例如，客户协议书、项目建议书、备忘录、产品使用说明和价目表等。

（四）物品准备

在商务拜访时，拜访者应携带工作名片、笔记本和相关书面资料。

（五）形象准备

在商务拜访中，进门后的三分钟就能体现出拜访者的职业修养和形象，拜访者要做好职业形象准备，男士、女士都应着正装。到达公司前，可以再次整理仪容仪表。注意，在拜访时，手机调到振动模式。

（六）交通路线提前准备

商务拜访应按照双方预约的时间准时到达目的地，因此拜访者需提前做好交通路线方案，尽量提早出门，提前到达，以便熟悉拜访环境。要想给对方留下美好印象，只有一次机会。做好充足的准备，就等于成功了大半。

二、公司拜访

（一）正式拜访

1. 守时践约

在商务拜访中要做到守时，一般提前 5～10 分钟到达；万一不能准时到达，一定要提前告知拜访者并礼貌道歉。

2. 登门守礼

在商务拜访过程中，做个守礼的人。在到达拜访地点后，要跟接待人员说明你代表哪个公司、姓名、拜访的对象，并请其传达和通报，没有得到允许，切不可贸然进入。

如果拜访对象因故不能立刻接见，接待人员安排休息区等待时，要保持得体的坐姿和举止。在休息时，不要打扰其他人的工作。

如果等待时间较长，最好的做法就是翻看自己的文件，整理拜访思路。假如休息室放着企业杂志，也可以拿来翻看，看完之后要放回原处。在等待的过程中，不要随意走动，否则对方会认为你有些散漫。即使等待时间稍长，也不要表现出不耐烦的态度，比如频频看表，来回地踱步。如果想抽烟，要询问接待人员哪里可以吸烟。

如果等待时间过长，无法继续等待，要向接待人员说明情况，再约时间，请其代为转达。

有的公司可能没有接待人员引领，到达拜访者门口后，都必须轻轻敲门或按门铃，得到受访者允许后方可进入。

3. 举止有方

与受访者见面，要主动问好，简单地做自我介绍，然后热情大方地与受访者行握手之礼。如果和对方是初次见面，应自我介绍并递上名片。倘若受访者不止一个人，就应该按照商务会面礼仪中"先尊后卑"的原则，依次向对方打招呼。

进入受访者房间后，要将帽子、手套摘下，同随身携带的物品一起放在主人指定的地方，可以把随身携带的包包放在所坐椅子的身后或脚边。

入座时，主人没有让座，不要随意坐下，坐下后要采用正确的坐姿交谈。如果主人年长或身份较高者，应当等主人坐下后，再坐下。

当主人或他人送茶时，要立刻欠身双手接过并致谢。喝茶时，要慢慢品尝，不要一饮而尽。

4. 把握时机

拜访他人时，要注意拜访时间的长度，控制好时间，最好在约定的时间内完成拜访。如果受访者表现出还有其他的事情或者不耐烦时，即使拜访工作没有完成，也要适时停止，可再约时间。不要为了完成任务而忽略拜访效果。

普通的商务拜访时间控制在 15 到 30 分钟。即使再长的拜访不宜超过 2 个小时。

（二）告辞环节

在辞行时，不要毫无征兆地起身告辞，例如不停看表，快速收拾公文包会给受访者带来不重视、不愉快的印象，造成误会。可以通过一些微动作暗示，如把茶杯的杯盖盖好，把咖啡杯稍稍推移，轻轻地收起自己的文件，或者把对方的名片放进名片夹。

告辞一般应当由拜访者提出，拜访者先起身向受访者告辞，即使受访者有意挽留，也要尽快离开，不要拖延时间。

辞行时，应和主人握手道别或点头致意。可以说"打扰您了，谢谢，请留步"。出门几步后，应回首再向送别的主人致谢，不可匆匆离去。不要让主人远送，也不要和主人站在门口攀谈过久。

小结：

事先预约，不做不速之客。

如期而至，不做失约之客。

彬彬有礼，不做冒失之客。

衣冠整洁，不做邋遢之客。

举止文雅，谈吐得体，不做粗俗之客。

惜时如金，适时告辞，不做难辞之客。

三、居所拜访

居所拜访

除公司里的商务拜访外，还有可能去客户或同事家里做客。居所拜访不等同于走亲访友，是为了促进与客户的交流，因此不能随便对待，失了礼仪。居所拜访，应该做到以下几点：

（一）提前预约

需要居所拜访时，都应提前预约，一般可以通过电话征求主人的同意。

（二）如约而至

拜访者应按照约定的时间准时到达居所，不要出现早到或迟到等情况。倘若因故需要推迟或取消拜访，则应尽快通知对方，并向对方道歉。迟到或因特殊情况不能按时到达，一定要给对方打一个电话，说明晚到的原因。

（三）礼尚往来

居所拜访时，可事先挑选一些小礼物登门，礼品选择有很多，例如：水果、鲜花、水果糖、好喝的葡萄酒、畅销书、一张好听的音乐 CD 等。

诚心的礼物会让对方感受到诚意。如果受访人家里有小朋友，可以带一些儿童玩具作为礼物，都是不错的选择。

（四）学会通报

到达主人的家门时，需要按门铃或敲门来通报。

（五）进门换鞋

进门后要换鞋或穿上鞋套，除此之外，还要做到进门"五除"与"一放"，"五除"指的是摘下自己的帽子、围巾、手套、墨镜，脱下外套；"一放"是指将自己随手携带的公文包放在地上，或主人指定之处；雨伞也要放在门外，或者主人指定的地方。

（六）卫生间的使用

如果是短时间拜访，尽量避免使用主人家的卫生间，尤其是避免使用主卫。

（七）非礼勿进

在别人家做客，最大的禁区就是主人的卧室，同时，书房、厨房、储藏室、卫生间都不宜进入。还要注意不要随意翻动东西，做到非礼勿动。

（八）饮茶礼节

主人斟茶倒水，不能一滴不喝，同时要表示一下赞美。

（九）控制时间

临时性居所拜访控制在 15 分钟，一般性居所拜访，尤其是初次拜访他人之时，在对方居所内停留的时间不宜长于半小时，一般不超过两小时。居所拜访的总原则是应做到"客随主便"。

任务实施卡

学习任务工单				
项目	项目六　商务接待与商务拜访	任务	6.3　掌握商务拜访礼仪	
知识目标	掌握商务拜访前的准备和公司拜访知识点。	能力目标	能够灵活运用商务拜访礼仪，做到知行合一。	素养目标	培养学生塑造良好的第一印象； 培养学生自觉地维护个人和企业的形象； 培养学生分析问题和解决问题的能力。
任务要求	1. 讨论：在商务拜访中，如果需要临时拜访，应该如何做？如果对方不在，应怎么解决？ 2. 以小组为单位绘制思维导图：商务拜访前的准备。 3. 案例分析：星期一早晨，业务部王经理约了李总在九点钟见面，结果因为下雨迟到了，王经理浑身被淋得湿漉漉，上气不接下气地赶到对方公司，对前台说："你们头儿在哪儿？我与他有个约会。"前台冷淡地看了他一眼说："我们李总在等你，请跟我来。"王经理拿着湿漉漉的雨伞和公文包进了李总办公室。穿着比王经理正式很多的李总从办公桌后起身迎接他，并把前台接待又叫进来，让她把王经理滴水的雨伞拿出去。两人握手，王经理随口说："我花了好大工夫才找到地方停车。"李总说："我们在楼后有公司专用停车场。"王经理说："哦，我不知道。"王经理随后拽过一把椅子坐在李总办公桌旁边，两只脚使劲地在地板上敲，想把脚上的泥土敲掉。然后一边从公文包拿资料一边说："哦，李总，非常高兴认识你！看来我们今后会有很多机会合作，我有一些关于产品方面的主意。"李总停顿了一下，好像拿定了什么主意似的说："好吧，我想具体问题你还是跟赵女士商量吧！我现在让她进来，你们两个可以开始了！" 请从拜访礼仪角度分析王经理为什么会失败？ 4. 填写商务拜访图表，总结知识点。 5. 情境模拟：壹品公司业务人员小王按照双方预约时间前往青禾公司就公司新研发的产品进行商谈，请模拟业务人员小王从到达至告辞的整个拜访过程。 　　要求：请同学们以小组为单位，先安排角色，制定拜访流程，再进行情境模拟实操。

续表

	1. 商务拜访图表

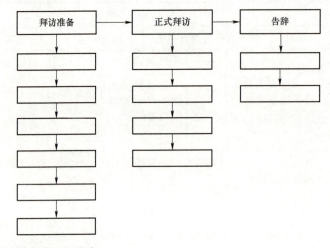

2. 情境模拟实操打分表

	考核项目	考核内容	分值	自评分	小组评分	实得分
任务实施记录	商务拜访礼仪	资料准备情况				
		着装礼仪				
		敲门礼仪				
		问候、握手礼仪				
		自我介绍礼仪				
		名片礼仪				
		交谈艺术				
		告辞环节				
任务考核评价	1. 请以小组为单位进行讨论，绘制商务拜访前准备的思维导图； 2. 每个人完成商务拜访要点总结； 3. 请以小组为单位进行情境模拟练习，老师挑选小组成员上台展示；各小组按照打分表模块根据情境模拟实操进行自评和互评，教师点评。					

任务 6.4　掌握商务馈赠礼仪

知识目标

● 掌握馈赠礼仪的基本要求。

能力目标

● 能够进行馈赠礼品的正确选择；
● 能够掌握馈赠礼品的时机、方式及拒绝和接受的礼仪。

素养目标

● 深刻理解中国古谚语"君子之交淡如水"以及"礼轻情意重"，形成和发展良好的职业道德和职业规范。

能量小贴士

礼轻情意重。——李致远《还牢末》

小案例

馈　赠　技　巧

在日本，有一个流传很广且很受用的商务礼仪故事。说是有一个部门主管在餐厅里与客户谈项目的时候，邻桌专门安插了一个公司的职员。这位职员不是来吃饭的，而是来记录上司与客户谈话的，但这里是用心记而不是用笔记录。当上司旁敲侧击地令对方将自己的喜好以及家人的喜好和盘托出时，这位职员立马行动，出去张罗礼物。当双方的会谈愉快结束之时，这位职员又不失时机地出现，拎着送给客户一家大小的礼物。客户当然是喜笑颜开了，不仅自己有礼物，家人也有，且都是大家喜欢的东西。结果自然不言而喻，他们的合作很成功。由此可见商务活动中，因人而异馈赠的重要性。

 思考

上述商务礼仪故事，对你有何启发？

知识准备

"礼尚往来"是中华民族的优良传统,也是日常交往中表达情意的重要形式。在商务活动中,为了联络感情,加深印象,沟通信息,根据情况接受或向有关人员赠送礼物,是一种常见的礼节。礼尚往来能够创造出一种良好的人际环境,增进与社会各界的友谊与合作。

馈赠是指人们为了向他人表达自己的情意,而将某种物品不求报偿、毫无代价地送给对方。

馈赠礼仪是馈赠过程中应遵守的礼仪规范。馈赠礼仪包括送礼的礼仪规范和受礼的礼仪规范。

馈赠礼品的方式多种多样,要做到赠受有度,注重情意,因人而异,入乡随俗。在商务交往中,不同的场合下选送的礼品也不同,比如当友人或其他组织庆典纪念之时,可送贺匾、书画或题词等表示祝贺,既高雅别致,又具有欣赏保存价值。

总之,赠送礼品是现代商务活动的内容之一。可以说,在很多商务场合,礼物是友情使者,是文化符号,能起到敲门砖的作用。如何做到礼物的赠送恰到好处,让商务人员交往更加顺畅,为交往营造一个和谐的氛围,是馈赠礼仪的重要内容。

一、馈赠礼品的选择

选择礼品,主要考虑两方面的因素:一是考虑受赠者的文化、习俗、爱好、性别、身份、年龄;二是考虑礼品本身的思想性、实用性、艺术性。具体要注意以下几点:

1. 考虑对方的爱好

每个人都有自己的爱好和兴趣,同样一件礼品,送给不同的对象,效果往往相差甚远。所以选择礼品要注意因人而异,因事而异。因人而异是指不同职业、不同宗教信仰、不同国家的人有不同的习惯和文化爱好,无论是以企业名义还是以个人名义送礼,都应事先对受礼者的身份、年龄、性格、兴趣、习惯等情况有所了解。因事而异是指馈赠者要根据给什么人送礼、想表达什么样的情感等因素来确定礼品,而且要符合人们的习惯和当地风俗,要精心选择,既满足馈赠者心理要求,又让受赠者感到你的心意和真诚。

2. 具有鲜明的特色

馈赠品最好是受礼者所在的地区所没有或极少有的,又是馈赠者所在地区最有特色的物品。那些精心构思、独具匠心、富有创意的礼品最有价值,也最受对方的喜爱。这样的礼品能给人留下深刻的印象，取得独到的效果，如远道而来的特色物品，自己亲手制作的精致物品，都会使对方喜出望外。

3. 重在纪念意义

礼品是情感的载体，任何礼物都表达送礼人的一片心意，或祝贺，或酬谢，或关爱，或敬重，等等。因此，礼品既应得到受礼者的喜爱，又能融进送礼者情感。如对方轻易买不到又非常需要的礼品，寓意深刻的特色物品等，一定会让对方见物生情，倍加珍爱。选择礼品时，应挑选具有一定纪念意义，或具有某些艺术价值，或为受礼人所喜爱的艺术品为佳。

4. 选择礼品的价值要得体

选择礼品的价值要得体。送礼要与受礼者的经济状况相适合。送礼不能显得小气，也不要过于慷慨；超过你承受能力的礼品，朋友接受了也会于心不忍，之后又想着回礼，就更麻烦了，等于强迫别人消费。

另外也要注意，为其他地区人士挑选礼品时，应当有意识地使赠品与对方所在地的风俗习惯一致，在任何情况下，都要坚决避免馈赠对方认为属于伤风败俗的物品，这样才表明尊重交往对象。

二、馈赠的相关礼仪

1. 选择送礼的时机

在适当的时机，馈赠适当的礼品，就显得自然、亲切，可以增进双方的感情。在商务活动中。送礼都有一些适宜的场合与时机，如向交往对象道喜、道贺，通常在双方见面之初相赠；出席宴会时向主人赠送礼品，可以在起身辞行时进行；作为东道主接待外国来宾时，如赠送礼品，可在来宾向自己赠送礼品之后回赠，也可以在外宾临行前一天，前往下榻之处相赠。赠送的礼品外观要精美，具有艺术性和观赏性，既可提高礼品的价值，又能体现馈赠者的审美观、艺术修养和对受礼者的敬意和心意。

2. 注意赠送的方式

（1）由谁送。一般说，商务人员自己送是最好的方式。目前随着社会节奏的加快，邮寄或托别人代送的做法也普及了。

（2）说什么和怎么说。送礼时，面对受赠的人，可先对礼物本身进行解释，告诉对方怎样使用，有什么价值和特殊意义，从而让人感到你的一片心意。对于商务人员来说，送礼的理由主要包括：感谢他人为你介绍商务方面的朋友；感谢他人的宴请；感谢他人帮你得到业务；感谢他人邀请你参加娱乐活动；感谢他人帮助你完成工作；祝贺他人提升或竞选成功；对顾客的惠顾表示感谢等。总之，送礼应使受礼者感受到关心、重视、鼓励或者安慰。

（3）地点选择。一般说，在大庭广众面前，应送高雅、大方、体面的物品。

只有在私人场合，送与衣食住行有关的生活用品才是合适的。如果把一本书、一束鲜花、一张新年贺卡作为礼品送到受礼者的办公室里，在向受礼者表达心意的同时，又可以向受礼者的同事展示受礼者的高雅、清廉，使受礼者在感觉受到尊重的同时，产生一种精神上的圣洁感与崇高感。如果礼品是个人吃的、喝的、家用的东西，即使送给特别亲密的人，也不适合在公开场合相赠，否则会让同事产生反感误解，有损受礼者的形象。

（4）顺序和赠法。如果你要给几个人送礼，最好选择他们同时在场的时机，职位最高的人应最先得到礼物。不管给一人还是多人赠送礼品，一定当面赠送。赠礼时，要神态自然，面带微笑，双手捧上。送上礼品的同时要伴有礼节性的语言，真诚地表达自己对受赠人的感谢之情。

三、接受和拒绝礼品的礼仪

1. 接受礼品时的礼仪

在特定场合，当他人宣布有礼品相送时，不管正在做什么事，都应当站起身面向对方做好接受的准备。对方取出礼品，准备赠送时，要保持风度，既要神态关注，又要稳重大方。当对方递上礼品时，要用双手去接，面带微笑，两眼注视对方，在接过对方礼品的同时，应当恭敬、认真地向对方道谢，也可以与对方握一下手表示感谢，然后谨慎地把礼品放好。接受礼品后，最好在一周之内写信或打电话向对方再次致谢，你不仅可以对礼品本身表示感谢，也可以对礼品传达的内在含义或送礼人对自己爱好的关心表示感谢。以后有机会再与送礼人相见时，不妨在适当的时候再次向对方表示自己的谢意。

2. 拒收礼物时的礼仪

商务人员之间送的礼物，只要是诚心诚意，一般都不能拒绝。如果礼品的价值过高，超过了一般朋友之间的情感和友谊时，就应当认真考虑一下：为什么送这份礼？收下后我承担什么样的责任？一般而言，以下三类物品不宜接受：一是违法违禁的物品；二是价格超过了规定的礼品，如现金、有价证券等；三是包含某种无法接受的暗示的物品。由于这些原因不能接受他人的礼品，需要拒绝他人时，一定要妥善处理。如果处理不当，很容易伤害别人，造成矛盾。拒绝的时候要注意，拒绝的是物品，情意一定要收下。拒收礼品时可选择以下方法：

（1）言明理由。即坦率地向送礼的人说明不能接受礼品的原因。这种方法尤其适用于公务交往中拒收礼品。运用这种方法时，态度要和蔼，语言要坚定，把握好分寸。

（2）婉言拒绝。即采用委婉的方式，不失礼貌地拒绝对方，找一个适当的借口，既让对方觉得你确实不能收，又不能让对方觉得没面子，拒绝的理由完全在于你自己，而不是对方。

（3）事后退还。有时当场拒收礼品会使对方很尴尬，可以先将礼品收下，事后尽快将礼品退还。事后退还礼品也需要向赠送者说清理由，并致以谢意。

3. 礼尚往来

收到他人的礼物，在适当的时机要有所回报，这才合乎礼仪规范。

（1）把握还礼的时间。根据不同情况灵活对待，如果客人在刚进门时送礼，你可以在客人临走时回赠。有些也可以在接受礼物之后一段时间，登门回拜，带些礼品赠送。也可在节日、喜庆之日送上适宜的礼物，表示感谢。

（2）选择还礼的礼物。在所还礼物的选择上，不要以对方赠送的同类礼物还礼。相赠之物的价格应大体与对方的礼品价格相当。有时也可以口头或事后以书面形式向对方表示感谢，同样可增进相互之间的感情和友谊。

任务实施卡

学习任务工单				
项目	项目六　商务接待与商务拜访	任务		6.4　掌握商务馈赠礼仪
知识目标	掌握馈赠礼仪的基本要求。	能力目标	1. 能够进行馈赠礼品的正确选择； 2. 能够掌握馈赠礼品的时机、方式及拒绝和接受的礼仪。	素养目标	深刻理解中国古谚语"君子之交淡如水"以及"礼轻情意重"，形成和发展良好的职业道德和职业规范。
任务要求	1. 某电脑公司和一家软件公司共同合作一个项目，在项目的洽谈过程中，电脑公司王总和软件开发公司刘总成了好朋友。为了感谢刘总对自己的帮助，同时也为了加深两人的友情，王总决定送刘总一件礼物。但王总却为送什么而头疼不已。结合所学知识，你认为应该送什么礼物好呢？ 2. 案例分析 案例一　1997 年，某阿拉伯国家的一个访问团来中国南方某城市进行参观访问。访问结束后，该市的市政府为这一代表团举办了欢送晚宴。在晚宴上，市长代表中方向客人赠送了一对特制的瓷瓶，上面印有一对可爱的熊猫图样，并用中文和阿拉伯语书写了"友谊长存"的字样。中方本以为这件礼物会博得对方的喜爱，没想到对方代表团的团长却一脸的不高兴，晚宴中甚至一言不发。 案例二　钱鑫作为 XR 公司代表前往机场接机，客人是英国 GW 公司副总裁史密斯先生。钱鑫为客人准备了一束鲜花。她来到公司附近的花店，看到柜台上摆着很新鲜的白色香水百合，就买了一束（八枝）。钱鑫心里琢磨着：百合花是友谊的象征，而且"八"谐音"发"，客人一定会非常高兴的。当钱鑫将百合花送给史密斯先生时，史密斯惊愕地瞪着眼，不知道如何是好。 案例讨论：分析两则案例在馈赠方面的不妥之处。				

续表

任务 实施 记录	1. 你认为应该送什么礼物好呢？为什么？ 2. 分析两则案例在馈赠方面的不妥之处。
任务 考核 评价	1. 建议合理，符合馈赠礼仪，把握好馈赠的合理和适度。 2. 能够结合国别的礼仪习俗不同分析透彻，阐述清楚。

知 识进阶

一、单选题

1. 以下不是商务场合的拨打电话的时机（   ）

A. 上班时间，上午 9:30   B. 上班时间，上午 10:30

C. 上班时间，中午 12:30   D. 上班时间，下午 2:30

2. 以下哪件事不适合用邮件来沟通？（   ）

A. 通知合同   B. 讨论合作细则   C. 安排预约   D. 跟进谈话

3. 在商务拜访中要做到守时，一般提前（   ）到达。

A. 5~10 分钟   B. 10~15 分钟   C. 15~20 分钟   D. 30 分钟

4. 普通的商务拜访时间控制在（   ）分钟。

A. 15 分钟之内   B. 15 到 30 分钟

C. 1 个小时之内

5. 倒茶的时候，要掌握好水的位置，一般茶水倒入杯中（   ）就可以了。

A. 七八分满   B. 五六分满   C. 八九分满

二、填空题

1. 拨打电话礼仪的三要素有：_____、_____、

_____。

2. 商务拜访前的准备工作有：_____、_____、

_____、_____、_____。

3. 馈赠礼品的选择要考虑的要素有_____、_____、

_____、_____。

三、判断题

1. 不要在大厅式的办公室、咖啡馆、餐厅、洗手间等打私人电话。（   ）

2. 拜访时，如果主人斟茶倒水，可一滴不喝，但必须要表示一下赞美。
（   ）

3. 引导客人经过楼梯时，让客人走在扶手一侧；上楼梯时，客人要走在自己的前方，相隔 1~2 个台阶；下楼梯时，自己走在客人的前方，相隔 1~2 个台阶。（   ）

参考答案

知 识拓展

秘书如何接待不同类型的客人

接待工作是秘书日常工作的重要组成部分。在接待工作中，是否注重礼仪，会直接影响组织在公众心目中的形象，影响到能否与来宾建立友好关系。因此，

在面对不同接待对象时，把握并遵循接待礼仪就显得尤为重要。

一、接待普通客人

秘书在办公室的日常接待中，每天都会面对许多不同的客人，千万不要以貌取人，分冷热亲疏，给对方留下不良印象，给你的工作带来麻烦。中国人讲究来的都是客，也许某人其貌不扬，但可能是你公司的重要客人，今天的小人物也许就是明天的大人物。在日常接待中，秘书要本着文明礼貌、热情周到、一视同仁的原则对待每一位客人，这样才能在客人心目中留下良好的印象。

当客人进入你的眼帘时，要立刻起身点头打招呼，切忌一边埋头工作一边漫不经心地问客人："啊，你找谁呀？"正确的做法是，首先立刻起身点头打招呼"您好"，接下来再确认客人的身份。这里有几种情况值得注意：如对方是你预约的但从未照面的朋友，你可以这样猜测："请问，您是×××吗？"如对方是你预约的很熟悉的朋友，你可以直接打招呼："王先生，您好！我们经理在等您呢！"来客众多的话，可先做自我介绍，再了解对方的身份："我是这家公司的文员，专门负责接待工作，请问各位是哪家公司的呢？"弄清对方的身份后方可引领对方去该去的地方。

对于上司在第一时间不能接待的客人，秘书要安排客人到会客室等候，倒上一杯茶，拿出报纸、资料给客人看，并适当地跟客人聊天。在聊天的过程中应注意身体的"逐客"语言，比如不断地看手表。如果这时后面的客人来了，你应该按照先来后到的顺序公平接待，不能厚此薄彼，冷淡任何一位客人，必要时可安排其他人员分别接待。在遇到客人接打电话时，秘书要回避，不要站在旁边听。有时客人来到公司，自然而然会与接待人员聊一些公司的情况，在聊天的过程中注意不能泄露公司的机密，让对方有机可乘。如果上司一时半会儿还没有时间会见客人，切勿让客人等太久，秘书应征求意见，让其另约时间。在客人告辞时，不管他有没有达到目的，一定要让他觉得你对他很在意、很客气，即使拒绝了他的要求，也要说"谢谢您的光临（拜访）"。

二、接待不速之客

不速之客是指那些没有预约突如其来的客人。他们的到来往往会打乱正常的工作秩序。对这些客人，秘书既不能怠慢也不能冷眼相向，而应机智灵活地接待。

如果来人是上司的亲朋好友，则直接告知上司，并按上司的指示接待。如果客人既不是上司的亲朋好友，也不需要上司亲自接待，就让客人与相关部门联系。不速之客中最难缠的是那些拉广告要赞助、上门推销产品、以上访为由无理取闹者，这些人通过预约求见领导不可能，所以就突然来访，且常常使出软磨硬泡之功夫，摆出一副不达目的不收兵的架势。对这些客人，秘书应该以礼相待，对他们的无理要求要机智委婉地予以拒绝。秘书可以告诉对方："今天领导确实没有时间，我们随后主动联系您。"或者说："今天领导确实不在，现在与他联系不上。等领导回来之后，我会告诉他这件事情。"秘书替上司做好挡驾工作，可以让上司集中精力办大事。

如果无约之客坚持说与上司是朋友，非得面见上司不可，那么秘书就可以这样说："我们领导有好几位，不知您找哪位？"如此可弄清楚对方真正的来意。当客人强烈要求会见上司的时候，你要问他："您有什么事情，我可不可以帮您处理？"这样既可减少上司的负担，也可在短时间内帮对方解决问题。如果真的无法解决的话，可让对方留下联系方式，之后与上司沟通，让上司决定有没有必要与之联系，但无论如何，负责接待的秘书都要给对方一个答复。

三、接待投诉之客

秘书在日常工作中，经常要接待投诉者。对于这些积攒了很多怨气的投诉者，秘书一定要摆正立场，积极接待，俗话说"不打不相识"，他们能来至少说明他们愿意跟你打交道，愿意向你说明情况。反过来，你可以根据他们反馈的情况把工作做得更好，所以说，客人投诉是有价值的。一般来说，客人到来后，秘书应微笑示意，请其坐下来，然后沏茶招待，耐心倾听，再认真答复。

秘书在倾听的过程中，注意不要让投诉者的情绪影响到自己的情绪，秘书要用理解的态度和真诚的倾听让客人把心里的怨气倒出来，可以对客人说："您慢慢讲，我知道您心里的感受。"只有当客人发泄完了之后，你再做诚恳的答复，对方才会听从你的建议与看法。比如："我刚才听您陈述，发现您在使用的过程中没有换照说明书的要求做，致使出现了问题。不过没有关系，这也是我们在销售的时候没有跟您讲清楚，现在我告诉您应该怎样正确使用。"在解决问题的过程中，即使是对方的问题，也不能埋怨对方，千万不能说"这不关我们的事"或者"我们公司规定怎么怎么样"，把责任推卸给对方，更易引起对方发火。即使是对方的问题，也要有道歉的准备。在承诺对方一个解决问题的方法之后，礼貌送客。

四、接待重要客人

当秘书接到重要客人即将到来的通知，就要了解客人的基本情况，对客人情况了解得越多，接待工作的成功率就越高。了解了来宾的情况后，就可以确定接待规格了，比如要不要动用车队，要不要举行一个盛大的欢迎仪式，要在几星级的饭店订房等。如果对方是副总裁，那么己方接待的应是平级的副总裁。接着拟订一个详细的接待方案，按这个方案去执行就不会乱。在迎接客人时，通常情况下秘书陪同上司在门口等待客人的到来，特殊情况下可以带着鲜花去车站、码头、机场迎接。接待陌生宾客，要事先看一下他的资料、照片，然后做自我介绍、相互认识，之后再献花。总之，秘书在接待工作中遵循礼仪，对于密切组织与公众的关系、树立良好的组织形象十分重要。

（资料来源：邹戈奔《谈谈秘书的接待礼仪》,《秘书之友》2010年第8期）

拜访客户七大黄金定律

在营销过程中，客户拜访可谓是最基础最日常的工作了。市场调查需要拜访客户，新品推广需要拜访客户，销售促进需要拜访客户，客情维护还是需要拜访客户。很多销售代表也都有同感：只要客户拜访成功，产品销售的其他相关工作也会随之水到渠成。

然而，可能是因为怀有一颗"被人求"高高在上的心态，也可能是因为对那些每日数量众多进出频繁的销售代表们司空见惯，所以就有很多被拜访者（以采购人员、店堂经理居多）对那些来访的销售代表们爱理不理；销售代表遭白眼、受冷遇、吃闭门羹的故事也多不胜举。很多销售代表也因此而觉得客户拜访工作无从下手。其实，只要切入点找准，方法用对，你也会觉得客户拜访工作并非想象中那样棘手——拜访成功，其实很简单。

一、开门见山，直述来意

初次和客户见面时，在对方没有接待其他拜访者的情况下，我们可用简短的话语直接将此次拜访的目的向对方说明，比如：向对方介绍自己是哪个产品的生产厂家（代理商）；是来谈供货合作事宜，还是来开展促销活动；是来签订合同，还是来查询销量，需要对方提供哪些方面的配合和支持；等等。如果没有这一番道明来意的介绍，试想当我们的拜访对象是一位终端营业员时，他起初很可能会将我们当成一名寻常的消费者而周到地服务。当他为推荐产品、介绍功能、提醒注意事项等而大费口舌时，我们再向他说明拜访的目的，突然来一句"我是某家供应商，不是来买产品，而是来搞促销……"，对方将有一种强烈的"白忙活"甚至是被欺骗的感觉，马上就会产生反感、抵触情绪。这时，要想顺利开展下一步工作肯定就难了。

二、突出自我，赢得注目

有时，我们一而再再而三地去拜访某一家公司，但对方却很少有人知道我们是哪个厂家的、业务员叫什么名字、与之在哪些产品上有过合作。此时，我们在拜访时必须想办法突出自己，赢得客户大多数人的关注。

首先，不要吝啬名片。每次去客户那里时，除了要和直接接触的关键人物联络之外，同样应该给采购经理、财务工作人员、销售经理、卖场营业人员甚至是仓库收发这些相关人员，都发放一张名片，以加强对方对自己的印象。发放名片时，可以出奇制胜。比如，将名片的反面朝上，先以印在名片背面的"经营品种"来吸引对方，因为客户真正关心的不是谁在与之交往，而是与之交往的人能带给他什么样的盈利品种。将名片发放一次、两次、三次，直至对方记住你的名字和你正在做的品种为止。

　　其次，在发放产品目录或其他宣传资料时，有必要在显见的地方标明自己的姓名、联系电话等主要联络信息，并以不同色彩的笔迹加以突出；同时对客户强调说："只要您拨打这个电话，我们随时都可以为您服务。"

　　再次，以已操作成功的、销量较大的经营品种的名牌效应引起客户的关注："您看，我们公司××这个产品销得这么好，做得这么成功，这次与我们合作，您还犹豫什么呢？"

　　最后，适时地表现出你与对方的上司（如总经理等）等关键人物的"铁关系"，如当着被拜访者的面与其上司称兄道弟、开玩笑、谈私人问题等。试想，上司的好朋友，对方敢轻易得罪吗？当然，前提是你真的和他的上司有着非同一般的"铁关系"。再者表现这种"铁关系"也要有度，不要给对方"拿领导来压人"的感觉。否则，效果将适得其反。

　　三、察言观色，投其所好

　　我们拜访客户时，常常会遇到这样一种情况：对方不耐烦、不热情地对我们说："我现在没空，我正忙着呢！你下次再来吧。"对方说这些话时，一般有几种情形；一是他确实正在忙其他工作或接待其他顾客，他们谈判的内容、返利的点数、出售的价格可能不便于让你知晓；二是他正在与其他的同事或客户开展娱乐活动，如打扑克、看足球或是聊某一热门话题；三是他当时什么事也没有，只是因为某种原因心情不好而已。

　　当然，在第一种情形之下，我们必须耐心等待，主动避开，或找准时机帮对方做点什么，比如，如果我们的拜访对象是一位终端卖场的营业员，当某一个消费者为是否购买某产品而举棋不定、犹豫不决时，我们可以在一旁帮助营业员推介，义务地充当一回对方的销售"帮手"以坚定顾客购买的决心。在第二种情形下，我们可以加入他们的谈话行列，以独到的见解引发对方讨论以免遭受冷遇；或者是将随身携带的小礼品（如扑克牌）送给他们，作为娱乐的工具。这时，我们要有能与之融为一体、打成一片的姿态；要有无所不知、知无不言的见识。在第三种情况下，我们最好是改日再去拜访，不要自找没趣。

　　四、明辨身份，找准对象

　　如果我们多次拜访了同一家客户，却收效甚微：价格敲不定、协议谈不妥、促销不到位、销量不增长，等等，这时，我们就要反思是否找对人了，即是否找到了对我们拜访目的实现有帮助的关键人物。这就要求我们在拜访时必须处理好"握手"与"拥抱"的关系：与一般人员"握握手"不让对方感觉对他视而不见就行了；与关键、核心人物紧紧地"拥抱"在一起，建立起亲密关系。所以，对方的真实"身份"我们一定要搞清，他（她）到底是采购经理、销售经理、卖场经理、财务主管，还是一般的采购员、销售员、营业员、促销员。针对不同的拜访目的对号入座去拜访不同职位（职务）的人。比如，要客户购进新品种，必须拜访采购人员；要客户支付货款，必须采购和财务人员一起找；而要加大产品的推介力度，最好是找一线的销售和营业人员。

五、宣传优势，诱之以利

商人重利。这个"利"字，包括两个层面的含义："公益"和"私利"；我们也可以简单地把它理解为"好处"。只要能给客户带来某一种好处，我们一定能为客户所接受。

明确"公益"。这就要求我们必须有较强的介绍技巧，能将公司品种齐全、价格适中、服务周到、质量可靠、经营规范等能给客户带来暂时或长远利益的优势，对客户如数家珍；让他及他所在的公司感觉到与我们做生意，既放心又舒心，还有钱赚。这种"公益"我们要尽可能地让对方更多的人知晓；知晓的人越多，我们日后的拜访工作就越顺利，因为没有谁愿意怠慢给他们公司带来利润和商机的人。

六、以点带面，各个击破

如果我们想找客户了解一下同类产品的相关信息，客户在介绍有关产品价格、销量、返利政策、促销力度等情况时往往闪烁其词甚至是避而不谈，以致我们根本无法调查到有关竞品的真实信息。这时我们要想击破这一道"统一战线"往往比较困难。所以，我们必须找到一个重点突破对象。比如，找一个年纪稍长或职位稍高，在客户中较有威信的人，根据他的喜好，开展相应的公关活动，与之建立"私交"，让他把真相"告密"给我们。甚至还可以利用这个人的威信、口碑和推介旁敲侧击，来感染、说服其他的人，以达到进货、收款、促销等其他的拜访目的。

七、端正心态，永不言败

客户的拜访工作是一场概率战，很少能一次成功，也不可能一蹴而就、一劳永逸。销售代表们既要发扬"四千精神"：走千山万水、吃千辛万苦、说千言万语、想千方百计为拜访成功而努力付出；还要培养"都是我的错"最高心态境界："客户拒绝，是我的错，因为我缺乏推销技巧，因为我预见性不强，因为我无法为客户提供良好的服务……"，为拜访失败而总结教训。只要能锻炼出对客户的拒绝"不害怕、不回避、不抱怨、不气馁"的"四不心态"，我们就离客户拜访的成功又近了一大步。

项目七 商务宴会礼仪

任务 7.1 了解宴会邀请与准备

知识目标

- 了解宴会的规格和种类；
- 掌握定制菜单的原则、桌次和席位的安排原则，宴会邀请的方式和宴会程序。

能力目标

- 能够做好宴会的组织工作；
- 能够掌握赴宴前和赴宴时的各项礼节。

素养目标

- 能够提升个人素质和修养。

能量小贴士

夫礼之初，始诸饮食。——《礼记》

小案例

案例一：

小王的思考

詹姆斯的太太会做中国菜，邀请琳达带着小王去参加家庭晚宴。周末的下午路上不太堵车，琳达和小王比较顺利地到达××国际公寓楼下。琳达一看手表，比约定的时间早到了半个多小时。小王急急忙忙要进公寓大门，被琳达拦住了，然后带着小王在公寓旁边的咖啡厅要了两杯咖啡，坐下来拿出 iPad 看邮件。小王很不明白，为什么已经到了还不进去呢？为啥要在这里耗时间？

小王和朋友们一起去吃西餐，大家按照中餐的习惯，点了一桌子菜，还要了几瓶红酒，几个人边吃边喝，非常热闹。有两个豪爽的朋友各自倒了满满一杯红酒一饮而尽，其他人都为他们的好酒量鼓掌叫好。这种欢快的气氛引来了旁边其他客人的侧目。

思考

请根据案例回答了解用餐礼仪的重要性。

案例二：

G20 峰会晚宴座次暗藏"玄机"

2009 年 4 月 2 日上午，中国国家主席胡锦涛抵达位于东伦敦的国际会展中心，出席在这里举行的二十国集团领导人第二次金融峰会。

中新网 4 月 3 日电　意大利《欧联时报》3 日发表署名评论文章说，尽管一直以来各方面人士对于 20 国集团（G20）是否能够取得有效的成果议论纷纷，然而事关 G20 的每一个细节却都成为颇受人们关注的焦点，甚至于连晚宴座次的设置都颇为耐人寻味。关于座位的设置也许有很多种解读方式，其中我们看到，中国用自身的崛起证明了实力，也为自己赢得了尊重。

文章摘录如下：

在全球金融风暴肆虐和经济危机持续蔓延的背景下，20 国集团（G20）峰会日前在伦敦正式拉开帷幕。尽管一直以来各方面人士对于 G20 是否能够取得有效的成果议论纷纷，然而事关 G20 的每一个细节却都成为颇受人们关注的焦点，甚至于连晚宴座次的设置都颇为耐人寻味。

虽然眼下的危机导致此次 G20 显得迫切而意义深远，但是各国首脑汇聚一起并不同常人所预料的那样，闭门围坐，苦想对策。据称，参加 G20 的各国首脑花费在聚餐上的时间甚至要超过举行会议的时间。可以说，餐桌座次的设置甚至直接关系到了首脑间的沟通交流。如此一来，各国首脑在餐桌上的座次安排就显得有点暗藏玄机的味道。

据《卫报》报道，作为东道主，英国首相布朗坐在了椭圆形宴会桌主人应该坐的位置上，他右侧那个众人瞩目的座位属于中国领导人胡锦涛，而法国总统萨科齐则被安排坐在胡锦涛的右侧。如果说座次的设置意义颇深，那么如此安排是否预示着中国的作用得以彰显？是否象征着世界格局面临着一次转折？

在全球经济陷入低谷，各国首脑为此而焦头烂额之际，中国却一再坚持着属于自己的"中国信心"。也许在中国人的概念中拥有信心和勇气，任何危难和困境都不足以成为一种威胁。在世界经济持续恶化的残酷现实面前，中国却能够成为世界主要经济体中唯一保持正增长的国家。中国 30 年改革开放成果的积累，使得自身经济快速发展，一跃成为世界第三大经济体。中国依靠自身的实力，试图呈现给世界一个不同以往的中国。

尽管 G20 的目的在于解决全球经济危机这个迫在眉睫的问题，但是想必每个国家也都在打着各自的算盘。据报道，萨科齐在此前的新闻发布会上高调而傲慢地宣称，如果此次峰会未能满足他的要求，他将中途退出。于是有评论认为，布朗把萨科齐安排在胡锦涛身边是出于一种刻意的"讨好"。

而在笔者看来其中恐怕还有另一层意义，众所周知，中法关系陷入僵局已达 4 个月之久，其中的影响不言自明。也许在西方社会各个国家看来，法国作为西方社会其中的成员，与中国之间的矛盾加深，难保不会影响到更多的西方国家。出于各自的利益，西方社会应该也希望改善中法之间的关系，这应该算是座位设置的另一个玄机吧。

（资料来源：中国新闻网 2009 年 4 月 3 日）

 思考

结合案例和宴会礼仪的座次知识谈谈你的看法。

案例三：

礼宾的次序

1995 年 3 月在丹麦哥本哈根召开联合国社会发展世界首脑会议，出席会议的有近百位国家元首和政府首脑。3 月 11 日，与会的各国元首与政府首脑合影。照常规，应该按礼宾次序名单安排好每位元首、政府首脑所站的位置。首先这个名单怎么排，究竟根据什么原则排列？哪位元首、政府首脑排在最前？哪位元首、政府首脑排在最后？这项工作实际上很难做。丹麦和联合国的礼宾官员只好把丹麦首脑（东道国主人）、联合国秘书长、法国总统以及中国、德国总理安排在第一排，而对其他国家领导人，就任其自便了。好事者事后问联合国礼宾官员"请教"，答道："这是丹麦礼宾官员安排的。"向丹麦礼宾官员核对，回答说："根据丹麦、联合国双方协议，该项活动由联合国礼宾官员负责。"

（资料来源：马宝奉. 外交礼仪浅谈. 北京：中国铁道出版社，1996）

知识准备

宴会又称燕会、筵宴、酒会，是因习俗或社交礼仪需要而举行的宴饮聚会，是社交与饮食结合的一种形式，是以交际为目的的一种重要的交往方式。宴会在社交的组织过程中，稍有不慎，就可能造成失礼现象的出现。宴会的形式多样，礼仪繁多，主人组织和客人出席中的礼仪规范是十分重要的。

一、宴会的组织

（一）确定规格、种类

1. 国宴

国宴是以国家名义举行的最高规格的礼宴，国宴通常有两种形式：一种是国家元首或政府首脑为国家庆典、新年贺喜招待各国使节或各界知名人士的宴会；另一种是国家元首或政府首脑为来访的外国领导人或世界名人举行的正式欢迎宴会。举行国宴，宴会厅内要悬挂国旗（如果是欢迎国宾，还须悬挂其所在国国旗），安排乐队演奏国歌及席间乐，安排宾主双方致词、祝酒，请柬、菜单和座席卡上均要印有国徽。对于到场人数、穿着打扮、席位排列、菜肴数目、音乐演奏、宾主致词等，都有十分严谨的要求和讲究。

2. 正式宴会

正式宴会是一种隆重而正规的宴请。正式宴会也有两种形式：一种是政府、企事业单位和其他团体为欢迎应邀来访的宾客而举行的宴会，另一种是来访的宾客为答谢主人而举行的宴会。正式宴会除不挂国旗、不奏国歌以及出席者规格低于国宴外，其余的安排大致与国宴相同。

3. 便宴

便宴是一种非正式的宴会，多用于招待熟悉的亲朋好友。常见的便宴按举办的目的不同，有迎送宴会、生日宴会、婚礼宴会、节日宴会、特别宴会。这种宴会形式简便，规模较小，宾主间较随便、亲切，用餐标准可高可低，适用于日常友好交往。便宴在礼仪规范方面不太讲究，不需讲究座次，也不要求致辞或祝酒。

4. 冷餐会（自助餐）

冷餐会，在国内又称自助餐，是国际上流行的一种非正式宴会。菜肴以冷食为主，也可冷热兼备，备有自助餐台，餐台上同时摆放着各种餐具，菜品、饮品都集中放在自助餐台上，供客人自取。冷餐会的特点是一种立餐形式，不排座位，宾客根据个人需要，取餐具选取食物。宾客可多次取食，可以自由走动，任意选择座位，也可站着与别人边谈边用餐。这种形式既节省费用又亲切

正式宴会的
邀请和准备

随和，得到越来越广泛的采用。

5. 酒会

酒会，也称鸡尾酒会，发端于美国，已有 200 年历史，是国际上流行的一种招待客人的方式，氛围自由轻松，赴会者在衣着方面不用讲究太多，只要穿常服便可以。酒会通常以酒类、饮料为主招待客人，酒的品种较多，并配以各种果汁，向客人提供不同酒类配合调制的混合饮料（即鸡尾酒）；还备有小吃，如三明治、面包、小鱼肠、炸春卷等。酒会不设座位，宾主皆可随意走动，自由交谈。酒会举行时间亦较灵活，中午、下午、晚上均可，持续时间两小时左右。在请柬规定的时间内，宾客到达和退席的时间不受限制，可以晚来早退。酒会多用于大型活动，因此，客人可利用这个机会进行社会交际和商务交际。

6. 茶会

茶会，我国通常称为"茶话会"，是一种备有茶水、点心的社交性聚会，一般要选择合适的茶具和茶叶，布置也要得当，讲解奉茶、斟茶、续茶、饮茶的礼仪。茶会在西方一般有早、午茶时间，即上午 10 时、下午 4 时左右，以请客人品茶为主，略备点心小吃，不排席位，入座时有意识地将主宾和主人安排坐在一起，其他人随意就座。茶会通常体现茶文化，如茶道等，因此对茶叶、茶具及递茶均有所规定。

7. 工作餐

工作餐是现代国际交往中又一非正式宴请形式，按用餐时间可分为工作早餐、工作午餐、工作晚餐。工作餐是就餐者利用共同进餐的时间边吃边谈、交流探讨的非正式宴请方式，这种形式多以快餐分食的形式，既简便快速，又符合卫生要求，它是商务活动的另一种形式的继续。此类活动多与工作有关，故一般不请配偶。双边工作进餐往往以长桌安排席位，便于宾主双方交谈、磋商。

（二）确定时间、地点

1. 宴会时间

宴会时间应选择对宾主双方都合适的日期，尽量避免选择对方的重大节假日、有重要活动或有禁忌的日子和时间。除夕夜是中国人传统的团圆夜，请中国人赴宴，不可放在除夕夜。

控制具体用餐时间，既不能匆匆忙忙走过场，也不能拖拖拉拉地耗时间。在一般情况下，用餐时间应不超过 2 小时，以免影响客人生活工作。

依照大多地方的惯例，宴请一般以午餐及晚餐为主。因工作交往而安排的工作餐，大都选择在午间。而正式接待宴会，则选择在晚上。但这也并非定论，在广东、港澳等沿海地区，亲朋好友聚餐，大佬们谈事，则多喜欢选择"早茶"时间。

2. 宴会地点

宴请地点的选择应根据宴请的目的、性质、主宾的身份地位以及交通便利情况而定。一般来说，官方正式的宴请活动，安排在政府、议会大厦、客人下榻的酒店或附近的酒店内举行；企事业单位的宴请，可在本单位的酒店或附近的酒店内进行。在可能条件下，宴会厅外另设休息厅（又称"等候厅"），供宴会前简短交谈用，待主宾到达后一起进宴会厅入席。

（三）发送邀请

1. 宴请对象的确定

根据宴请的具体目的来决定宴请的对象和范围，也就是请多少人，请哪些人，并详细列出客人名单。在确定邀请对象时应考虑到被邀请客人之间的关系，以免出现不愉快的现象。

2. 邀请的形式

邀请的形式有两种，一是口头的，一是书面的。

口头邀请就是当面或者通过电话把活动的目的、名义以及邀请的范围、时间、地点等告诉对方，然后等待对方答复，对方同意后再做活动安排。书面邀请也有两种方式，一种是比较普遍的发"请柬"；还有一种就是写"便函"，这种方式目前使用较少。

书面邀请应注意以下礼仪：

① 掌握好发送时间。按被邀请人的远近，一般以提前3～7天为宜。过早，客人可能会因日期长久而遗忘：太迟，使客人措手不及，难以如期应邀。

② 掌握好发请柬的方法。请柬上面应写明宴请的目的、名义、时间地点等，然后发送给客人。请柬发出后，应及时落实出席情况，做好记录，以安排并调整席位，即使是不安排席位的活动，也应对出席率有所估计。

请柬行文要注意以下几个要点（见图7-1）：

一是写清目的。明确目的，说清楚"为什么宴请"。一般的写法是：谨定于某年某月某日，在什么地方举行一个什么样的活动，然后敬请对方光临。

二是没有标点符号。一般的中文请柬行文不用标点符号。如果为国宾举行宴会，请来上应印有国徽。较复杂的行文也可使用标点符号。

三是行文格式。当然，有一些小型的宴会或者是很熟的朋友聚会，就不一定要严格按此格式，可以简单写上，谨定于某年某月某日，于某处举行一个宴会（招待会或家宴），即可。

四是文字措辞。请柬上的文字务必要简洁、清晰、准确，对时间、地点和人名等要反复核对，做到正确无误，万无一失。措辞要典雅、亲切、得体。例如不能把"敬备茶点"写成"有茶点招待"，不能把"寿终正寝"写成"死亡"，不能把"敬请光临"写成"准时出席"，不能把"谨此奉告"写成"特此通知"等。

请柬行文的四个方面，任何一个环节都不可失礼，否则必将给个人或组织形象带来严重影响。总之，邀请无论以何种形式发出，均应真心实意，热情真挚。邀请发出后，要及时与被邀者取得联系，以便做好客人赴宴的准备工作。

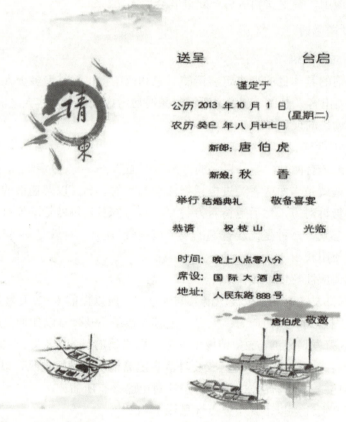

送呈　　　　　　台启

谨定于

公历 2013 年 10 月 1 日　（星期二）
农历 癸巳 年 八 月 廿七 日

新郎：唐 伯 虎

新娘：秋　　香

举行 结婚典礼　　敬备喜宴

恭请　　祝 枝 山　　光临

时间：晚上八点零八分
席设：国际大酒店
地址：人民东路 888 号

唐伯虎 敬邀

图 7-1　请柬

（四）订制菜单

宴会菜单的定制，应根据宴会的规格确定。菜单的订制应充分考虑客人的身份、饮食习惯、口味、宗教禁忌、身体状况以及宴请的目的。订菜要遵循以下原则：

（1）考虑客人的喜好和禁忌而不是根据主人自己的喜好来选择菜肴。

例如，伊斯兰教禁食猪肉、狗肉、驴肉、马肉、兔肉、无鳞鱼及动物的血和非阿訇宰杀的动物和自死的动物，不喝酒，甚至不得饮用任何带酒精的饮料；印度教徒不吃牛肉；佛教徒不食一切动物性食品和葱、蒜、韭等辛香味食物，不饮酒；美国人不吃羊肉和大蒜；俄罗斯人不吃海参、海蜇、墨鱼、木耳；英国人不吃狗肉和动物的头、爪；法国人不吃无鳞鱼；德国人不吃核桃；日本人不吃皮蛋；满族人不吃狗肉；水果富含维生素 C，营养丰富，但糖尿病人却不宜多吃；冠心病病人不宜多饮可乐型饮料；等等。所有的这些禁忌和特点，都是在订制菜单时需要考虑到的。当然，宴会上如果有个别客人有特殊需要，也可单独为其上菜。

（2）荤素搭配合理，菜肴品种多样化。菜肴主次分明，既突出主菜，如鲍鱼、鱼翅等，以显示菜肴的档次，又配一般菜以调剂客人的口味，如特色小炒、传统地方风味菜等，以显示菜肴的丰富。

（3）追求特色，量力而行。尽量采用酒店的特色菜，比如川菜馆的川菜、地方风味等；控制餐饮的费用，切忌全是高档菜，过于铺张浪费；也不要全是家常菜，显得对客人不够尊重。

（五）宴会程序

1. 迎接

宾客接待人员、主持人应提前到达宴会地点，在一切安排就绪后，到门口准备迎宾。宾客到达时，主人应在门口热情相迎、问候、握手，寒暄几句以示欢迎。

2. 引宾入席

引宾人员指引来宾到事先指定的位置坐好。一般是先引主宾，后引一般来宾依次入座。如果有女宾，则先引女宾后引男宾入座。如果宴会规模较大，也可先将一般客人引入座位，然后引主宾入座。接待人员应将椅子从桌子下拉出，扶好后请客人落座。

3. 上菜

主宾及大部分客人落座后便可上菜。上菜是从女主宾开始的，如果没有女主宾则从男主宾开始。上菜一般从主宾的左边上，饮料从右边上。新上的菜要先放在主宾面前，并介绍名称。如果上全鸡、全鱼菜时，应将其头部对准主宾或主人。宴会行将开始时，为所有的来宾斟酒。

4. 祝酒

主持人宣布宴会正式开始后，东道主的主人致祝酒词，接着是全体干杯，然后由主宾致答谢词（一般宴会也可省略）。当主宾祝酒致辞时，接待人员和服务人员应停止一切活动，找一个适当位置站好，在干杯之后将酒斟满。

5. 主持人和主人应注意活跃会场气氛

主持人或主人应抓住时机，提出一些大家共同感兴趣的问题，引出话题，调动大家的积极性，使宴会自始至终处于热烈、亲切、友好的气氛之中。作为主人，应适当向客人敬酒，以示友好和尊重。

6. 送客

当主客双方酒足饭饱时，主人与主宾起立，大家随之一起起立，这时宴会即告结束。此时接待服务人员应将主宾等的椅子向后移动，方便主宾等客人离座。当主宾及客人准备告辞时，主人及东道主的接待服务人员应送到门口，握手话别。

二、出席宴请

主人对宴会的精心设计、安排，是对宾客的一种欢迎与尊重，而宾客在赴宴过程中按照约定俗成的礼节行事，同样是对主人的一种尊重，此外这也是个人素质与修养的综合体现。

（一）赴宴前的礼貌礼节

1. 收到请柬后及时回复

请柬的作用除了向客人发出邀请外，还是主人安排席次的参考。客人在收到请柬后，无论是否参加，都要给予主人一个及时、明确的答复。回复太迟，会被视为一种失礼的表现。一旦通知主人决定赴宴后，没有特殊原因，不宜再做变动。如确有万不得已的情况，应及早告知主人，并向主人表示诚挚的歉意。尤其是临时不能出席的话，应立即通知主人，并向主人解释原因，致以道歉。在条件许可的情况下，应亲自登门向主人表示歉意。

2. 注重仪容仪表的修饰

赴宴前要注重仪容仪表的修饰。盛大的宴会或较为正式、隆重的宴会，主人在请柬上一般都会注明应该穿着什么样的服装，赴宴宾客应按要求着装。如没有明确规定，也应穿着比较正式的服装，而不该穿着牛仔裤、T恤衫之类的休闲服装。女士应根据宴会的情况和自身的特点进行适当的化妆，男士应梳理好头发，刮干净胡须，以体现个人的良好气质和对主人的尊重。

3. 赴宴礼物的准备

并不是参加所有的宴会都需要准备礼物的，是否要备好礼物，备好什么样的礼物，取决于宴会的规格、种类与性质。一般而言，出席规模盛大、人数众多的宴会或者是公务宴请是不需带礼物的，而出席私人的小型宴会，如家宴、生日宴等则需备上一份小礼品。

（二）赴宴时的礼貌礼节

1. 到达

赴宴前应事先研究好行车路线和路上所需花费的时间，确保按时到达宴会地点。一般应该正点到达或早于、晚于规定时间的两三分钟到达，过早、过晚都是失礼的表现。过早到达，主人可能还未做好准备，措手不及，而客人待在这种情况下，也会感到无所适从，造成双方都尴尬的局面。过迟到达，让主人等待，则显得对主人不够尊重。

到达宴会地点后，应先前往迎宾处，主动向主人问候。如宴会地点设有专门的衣帽间，可先到衣帽间脱下大衣、帽子，然后再前往迎宾处。对于其他客人，不管与其认识与否，都要笑脸相迎，点头示意或握手寒暄，互致问候。

2. 入席

进入宴会厅之前，应了解好自己的座位和桌次。在较大规模的宴会上，通常主人会对座位座次事先进行安排，并在请柬上注明或在宴会厅门口标明。入座时注意座席卡上是否写有自己的名字，不可随意入座。如不清楚自己的座位，可等候主人或其他引导人员引座。而在一时无人引座的情况下，可选择次要的或靠下的位置先行坐下，等待主人引座。

落座时，应从座椅左侧就座。挪动座椅时要注意轻拿轻放，避免发出巨大的噪声破坏整个宴会的氛围。如邻座是长者、女士或职位较高者，应主动协助，为其拉出座椅，帮助他们先坐下。入座后，要调整好座椅和餐桌间的适当距离，一般以 20 厘米左右为宜，以保证坐姿的自然端庄。双手双脚不可随意放置，双手放在邻座的椅背上，双肘搁在桌上，双脚在餐桌下随意伸出，以及随意摆弄餐具、餐巾等，都是失礼的表现。

宴会是一种社交方式，是加深亲朋好友之间的感情和结识朋友的极好场所，因而在坐定后，应主动与同桌的主人和其他客人交谈，尤其是座位相邻的客人。如果互不相识，可请主人或其他客人介绍，也可自我介绍。忌只与个别熟识的人交谈，而冷落了同桌的其他客人。

3. 用餐

宴会开始时，一般是主人先致祝酒词。此时客人应停止交谈，注意倾听，以示对主人的尊重。致词完毕，主人招呼后，即可开始进餐。进餐时举止要文雅得体，不可对菜肴过于挑剔，不顾别人感受，肆意评价菜肴的好坏。取用食物时，要让主人、主宾、长者和女士优先。不可一次取用过多的菜肴，盘中食物吃完后才可再次取用。一次放入嘴里的食物也不可太多，吃东西时要小口地吃。不要口含食物与人交谈，否则说话声音含糊不清，也很容易造成口中食物在说话时掉出来。在宴会上应尽量避免打喷嚏、打饱嗝和吐痰等行为。若实在控制不住打喷嚏、咳嗽时，应急忙用手帕捂住口鼻低头面向一旁，尽量避免发出声音，并向邻近客人轻轻说声"对不起"。餐桌上尽管常备有牙签，但尽量不要当众剔牙。

4. 祝酒

在宴会上，通常男主人或女主人有致祝酒词的优先权，如无人祝酒，客人则可以提议向主人祝酒。在主人和主宾祝酒时，应暂时停止用餐，停止交谈，注意倾听，不要借此机会抽烟。主人和主宾讲完话，与贵宾席人员碰杯后，往往要到其他各桌敬酒，遇此情况，应起立举杯，要目视对方致意。祝酒时还应注意不要交叉碰杯，人多时可以同时举杯示意，不一定碰杯。

5. 告别致谢

参加宴会最好不要中途离去。万不得已时应向主人和同桌客人说明原委，并向主人郑重地道歉。同时，应劝请其他客人多待些时间。然后可悄悄离开，以避免影响餐桌气氛。用餐结束后，应该等大家都停止用餐，主人示意可以散席时，才能离席。宴会完毕，应依次走到主人面前，与主人握手，向主人致谢并告辞，但不要拉着主人的手不停地说话，以免妨碍主人送其他客人。在一般情况下，退席时男宾应先与男主人告别，女宾则先与女主人告别，然后交叉，再与主人家的其他成员告别。如果退席人数较多，只需与主人微笑握手就可以了。

任务实施卡

学习任务工单					
项目	项目七　商务宴会礼仪		任务	7.1　了解宴会邀请与准备	
知识目标	1. 了解宴会的规格和种类； 2. 掌握定制菜单的原则、桌次和席位的安排原则，宴会邀请的方式和宴会程序。	能力目标	1. 能够做好宴会的组织工作； 2. 能够掌握赴宴前和赴宴时的各项礼节。	素养目标	能够提升个人素质和修养。
任务要求	1. 你认为宴请准备要注意哪些方面？ 2. 情景模拟：试着写一份自己的生日宴会的邀请请柬，邀请对象为老师和同学，并确定好餐桌位次。				
任务实施记录	1. 设计一份生日宴会请柬。 2. 画出一张餐桌位次图。				
任务考核评价	教师挑选学生代表作品进行展示，学生点评，教师点评。				

任务 7.2　掌握中餐宴请礼仪

 知 识目标

- 了解中餐的上菜顺序；
- 掌握中餐餐具的使用方法。

能 力目标

- 能够了解中餐用餐时的礼仪规范；
- 能够掌握中餐用餐时的饮酒礼仪。

素 养目标

了解中华传统文化，努力提高个人文明修养，增强文化自信。

能 量小贴士

礼貌使有礼貌的人喜欢，也使那些受人以礼貌相待的人们喜悦。——孟德斯鸠

小 案例

案例一：

餐桌上的失礼

ZX 公司年终为表示对客户的谢意，召开了客户联谊会，会后邀请客户共进晚餐。但由于这次联谊会时间紧，与会人员名单确定得晚，办公室主任李庆在抄写时漏了应编在主桌的一位重要客户彭总。彭总入席时找不到座位，满脸尴尬。为了不让彭总失落，李庆特意与他坐在一起。在用餐过程中，李庆为了表示热情，还不停地用自己的筷子给彭总夹菜，把筷子随意地横放在碗上为彭总添加饮料。由于加饮料时没有给提示，将饮料泼到了彭总身上。李庆惊慌失措，赶紧赔罪。李庆边吃边发表言论，唾沫横飞，还会发出"吧唧吧唧"的声音。用餐快结束时，李庆伸了伸懒腰，做出很满足的样子，并拿出烟抽了起来……彭总实在是忍无可忍了。

思考

请分析办公室主任李庆的失礼之举。

案例二：

古人饮酒礼仪

古人饮酒，很注意有节有度，十分讲究酒态，总是努力做到不失态，曾为我们留下了"君子饮酒，三杯为度"的古训，即饮第一杯，表情要严肃恭敬，饮第二杯，要显得温文尔雅，饮第三杯，要神情自然，知道进退。酒过三巡，仍无节制就叫失态。孔子也曾告诫人们："唯酒无量，不及乱。"意思是各人酒量不同，因此不能限量，但有一个原则，就是不能喝醉了，也就是说不能喝到"乱"的程度。

 思考

古人饮酒的古训告诉我们哪些饮酒礼仪？

知识准备

中国自古以来就以礼仪之邦而著称，在这个重视饮食之道、讲究"民以食为天"的国度里，餐饮礼仪自然成为饮食文化的一个重要部分。中国的餐饮礼仪始于周代，历经千百年的演进，形成今天为大众所普遍接受的行为准则。

一、中餐上菜顺序

在上菜顺序方面，中餐遵循先冷后热、先炒后烧、先菜后点、先咸后甜、先清淡后味浓的原则。一般第一道先上凉菜，第二道是主菜，通常是较为名贵的菜，第三道是热菜，数量相对较多，第四道是汤，第五道是甜食、点心，第六道是水果。

二、中餐餐具的使用

（一）筷子

筷子是中餐最主要的餐具。其准确使用方法是右手执筷，大拇指、食指捏住筷子的上端，另外三个手指自然弯曲扶住筷子，并且筷子的两端一定要对齐。

在中餐礼仪中对筷子的使用也是非常讲究的，许多行为都是有所禁忌的。例如，忌用筷子指人，用筷子指人和用食指指人一样被认为是对别人的不恭敬；忌用筷子敲击盘碗，这种做法是乞丐要饭时的行为，会被人瞧不起；忌将筷子颠倒过来使用，这种做法会被人认为是一种饥不择食的表现；忌用筷子在菜盘里翻来覆去地寻找喜欢的食物，尤其是当筷子上还粘连着其他食物的时候，这样会让其他宾客胃口全无；忌吮吸筷子并发出声音，这会令人感到反感；忌夹菜时将菜汤滴落到其他菜里或桌上，这会影响其他客人的食欲；忌将筷子插在饭菜上，这种做法是民间为过世的人上供时的行为，会使别人感到晦气；忌用筷子当叉子，用来分菜或将夹不起来的食物叉起来食用，这种行为使人感到很粗鲁；同样，同一道菜，连续取用多次，够不着的菜，伸长了筷子去取，和别人同时夹菜，使筷子撞在一起，拿筷子当牙签等，都是应当禁止的不文明的用餐行为。

（二）勺子

勺子也是中餐中使用最多的餐具之一，它的主要作用同样是取用食物。其准确使用方法是用右手拇指、食指轻轻地握住勺子上端，另外三个手指自然弯曲扶住勺子。一般而言，除了汤类食物，尽量不要单独用勺子取用其他食物，否则容易给人留下贪婪的感觉。在取用一些细小颗粒状食物时，可将筷子和勺子配合使用。与筷子夹菜一样，用勺子取用食物时也要注意，不要将汤汁滴落到其他菜肴和餐桌上。用餐期间，如勺子内没有食物，应将其放置在自己面前的骨碟中，如舀取食物后，暂时不食用，可将其放在骨碟或碗中，稍后再食用。

（三）碗

在中餐中，碗是用来盛放主食和羹汤的。在食用碗内盛放的食物时，不可将碗端起直接倒入口中，也不可用嘴凑上去吸食，而应以筷子、勺子之类的餐具加以辅助。即使碗内食物已食用完毕，也不可在碗内放置杂物或垃圾，更不要把碗倒扣放置。有时，汤是单独由带盖的汤盅盛放的，如果汤已经喝完，可将汤勺取出放在垫盘上，把盅盖反转后平放在汤盅上，这样就等于给服务人员发出可以收走餐具的暗示了。

（四）骨碟

骨碟的主要作用有两个。其一是用来放置从公用的菜盘中取来食用的菜肴。取用食物时要注意每次取用的数量、种类不宜过多，否则多种食物混杂在一起，既影响食物的口味，也影响自己在他人眼中的形象。其二是用来放置食物残渣、骨头和鱼刺等不宜下咽的食物。在放置这类食物时需注意，不可直接从嘴里吐到骨碟上，而要用筷子夹住，再轻轻放在骨碟前端。通常，当骨碟中的垃圾堆满后，服务人员会主动上前更换的。

（五）水杯

中餐的水杯主要用于盛放清水、果汁、汽水等软饮料。注意不要用水杯来盛酒，也不要倒扣水杯。另外，喝进嘴里的东西不能再吐回水杯里，这样是十分不雅的。

（六）牙签

牙签也是中餐餐桌上的必备之物。它有两个作用：一是用于扎取食物；二是用于剔牙。但是用餐时尽量不要当众剔牙；非剔不行时，要用另一只手掩住口部，剔出来的食物，不要当众"观赏"或再次入口，更不要随手乱弹、随口乱吐。剔牙后，不要叼着牙签，更不要用其来扎取食物。

（七）餐巾

中餐用餐前，一般会为每位用餐者上一块消毒餐巾。这块餐巾的作用是擦手，擦手后，应该把它放回盘子里，由服务员拿走。而宴会结束前，服务员会再上一块餐巾，和前者不同的是，这块餐巾是用于擦嘴的，不能用其擦脸或抹汗。

三、中餐用餐礼仪

中餐用餐礼仪

客人入席后，须等主人示意开宴，方能开始用餐。用餐时，应保持较好的仪态，切忌宽衣解带，吃得摇头晃脑、满脸油汗、响声大作。如果失态，不只欠雅，而且还会严重影响别人的食欲。主人可以劝别人多用一些，或是品尝某道菜肴，但不应该擅自主动为别人夹菜、添饭，这样做不只是卫生问题，而且还可能会给对方造成困扰。取菜的时候，不要左顾右盼，翻来翻去，在公用的菜盘内挑挑拣拣，夹起来又放回去。同桌多人用餐时，取菜要注意相互礼让，依次而行，取用适量：够不到的菜，可以请人帮助，不要起身甚至离座去取。

此外，用餐时还应注意以下问题：

（1）不要敲敲打打，比比画画，在公共餐厅内不得吸烟。

（2）如需清嗓子、擤鼻涕、吐痰等，应去洗手间解决。

（3）不要当众修饰，如需梳理头发、化妆补妆、脱袜脱鞋等，应去化妆间或洗手间。

（4）不要离开座位，四处走动，如果有事要离开，也要先和旁边的人打个招呼，道声"失陪了""我有事先行一步"等。

四、饮酒礼仪

在中国，酒作为一种文化现象，其含义是深邃而富有韵味的。喝酒不分贵贱，无论达官显贵、文人雅士还是平常百姓、凡夫俗子，只要乐意，便可美美地饱尝一回；不过，喝酒也有雅俗之别，喝酒要讲礼节，要有酒品。

（一）斟酒

主人为来宾斟酒，应当场启封。斟酒时要一视同仁，切勿挑挑拣拣或只为个别人斟酒。同时，还要注意斟酒顺序，可以依顺时针方向，从自己所坐之处开始，也可以先为尊长、嘉宾斟酒。此外，还要做到斟酒适量，白酒与啤酒均可以斟满，但是不能过满乱流，造成浪费。

（二）敬酒

敬酒也称祝酒，是指在正式宴会上，由主人向来宾提议，为了某种事由而共同举杯饮酒的行为。在敬酒时，通常要讲一些表示祝愿、祝福之类的言辞。在正式的宴会上，主人与主宾还会郑重其事地发表一篇专门的祝酒词。因此，敬酒在酒宴上显得尤为重要，是不可缺少的一个环节。正式的祝酒一般应安排在特定的时间进行，并以不影响来宾用餐为首要考虑因素。通常，致祝酒词最适合在宾主入席后、用餐前开始，或者在吃过主菜之后进行。不管是致正式的祝酒词，还是在普通情况下祝酒，都应该以内容精简为好，千万不要口若悬河、高谈阔论、喋喋不休，让客人长时间等候。在他人敬酒时，在场者应该暂时停止用餐以及其他与敬酒主题不相干的动作，踏实地坐在自己的座位上，面向对方洗耳恭听，不要轻声讥讽对方的言论和表现，或公开表示出不屑、反感等举止。

（三）干杯

干杯通常是指在饮酒时，特别是在祝酒、敬酒时，以某种方式劝说他人饮酒，或是建议对方与自己同时饮酒。在干杯时，往往要喝干杯中之酒，故称干杯；有时，干杯者相互之间还要碰一下酒杯，所以它又被称为碰杯。干杯时，需要有人率先提议。提议干杯者，可以是祝酒词的主人、主宾，也可以是其他在场饮酒之人。提议干杯时，应起身站立，右手端起酒杯，或者右手执杯而以左手托扶其杯底，面含笑意，目视他人，尤其是自己祝福的对象，口颂祝愿祝贺之词，如祝对方身体健康、生活幸福、节日快乐、工作顺利、事业成功，以及双方合作成功等。

在中餐里，干杯前，可以象征性地和对方碰一下酒杯；碰杯的时候，应该让自己的酒杯低于对方的酒杯，表示你对对方的尊敬。用酒杯杯底轻碰桌面，也可以表示和对方碰杯。当你离对方比较远时，完全可以用这种方式代劳。如果主人亲自敬酒干杯后，要回敬主人，和他再干一杯。一般情况下，敬酒应以年龄大小、职位高低、宾主身份为先后顺序，一定要充分考虑好敬酒的顺序，分明主次。即使和不熟悉的人在一起喝酒，也要先打听一下身份或是留意别人对他的称号，以免尴尬或伤及感情。即使你有求于席上的某位客人，对他自然要倍加恭敬，但如果在场有更高身份或年长的人，也要先给尊长者敬酒，不然会使大家很难为情。如果因为生活习惯或健康等原因不适合饮酒，也可以委托亲友、部下、晚辈代喝或者以饮料、茶水代替。作为敬酒人，应充分体谅对方，在对方请人代酒或用饮料代替时，不要非让对方喝酒不可。要知道，别人没主动说明原因就表示对方认为这是他的隐私。

（四）中餐酒水与菜肴的搭配

若无特殊规定，正式的中餐宴会通常要上白酒与葡萄酒这两种酒。因为饮食习惯方面的原因，中餐宴请中上桌的葡萄酒多半是红葡萄酒，而且一般都是甜红葡萄酒。中餐一般先用红葡萄酒，是因为红色充满喜气。在搭配菜肴方面，中餐所选的酒水讲究不多，爱喝什么酒就可以喝什么酒，想什么时候喝酒亦可完全自便。正规的中餐宴会一般不上啤酒。

（五）饮酒禁忌

（1）碰到需要举杯的场合，不要拿着酒杯边说边喝酒，给别人敬酒时酒杯要低于对方的杯子。

（2）在工作前不能饮酒，以免与人谈话时满口酒气。

（3）忌赌酒与强行劝酒，如果在与人交往中与客人赌酒或强行劝酒，就会把文明的交际变成粗俗无礼的行为。

（4）忌吵闹、喧嚣。公共场合不得划拳，家庭私人酒会一般也不宜划拳。

（5）忌酒后言行失控。

（6）忌好酒贪杯。

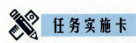 **任务实施卡**

项目	项目七　商务宴会礼仪	任务	7.2　掌握中餐宴请礼仪
知识目标	1. 了解中餐的上菜顺序； 2. 掌握中餐餐具的使用方法。	能力目标	1. 能够了解中餐用餐时的礼仪规范； 2. 能够掌握中餐用餐时的饮酒礼仪。

| | | | 素养目标 | 了解中华传统文化，努力提高个人文明修养，增强文化自信。 |

任务要求	1. 案例分析：王女士有一次去参加一个宴会，由于她是唯一一位女性，旁边那位男士怕冷落了女士，席间，不住地用他的筷子给王女士夹菜，一筷子接一筷子，弄得王女士应接不暇。而且，王女士发现，这位男士在用餐时又特爱用嘴嘬筷子头，几乎每吃一口都嘬一下，看得王女士食欲全无，还说不出来。 问题：这位男士的动作为什么让王女士尴尬？ 2. 假如你走入职场，到了某企业，经理让你设计一个 50 人的中餐宴请方案（从事前准备、宴请过程中组织、宴会结束送别等方面，对相关工作做详细说明）。
任务实施记录	1. 案例分析 2. 中餐宴请方案 （1）宴请事前准备 （2）宴请过程中组织 （3）宴会结束送别
任务考核评价	1. 案例分析透彻； 2. 宴请方案条理清楚，相关礼仪要点明确； 3. 教师结合学生的方案进行点评。

任务 7.3　掌握西餐宴请礼仪

知 识目标

1. 了解西餐的上菜顺序；
2. 掌握食用西餐礼仪。

能 力目标

1. 能够做好西餐用餐时的礼仪规范，展现得体进餐行为与语言；
2. 能够掌握西餐用餐时的刀叉礼仪、餐巾礼仪等要求。

素 养目标

能够提升个人在西餐餐饮中的气质形象，讲究餐桌礼节与文明。

能 量小贴士

在宴席上最让人开胃的是主人的礼节。——莎士比亚

小 案例

案例一：

小杜的失礼

　　HF 公司孙总请刚回国的朋友薛先生吃饭，助理小杜负责安排并前往陪同。小杜从来没有吃过西餐，便特意安排在上岛西餐厅，想借此机会见识见识。用餐时，小杜为显示出自己很讲究，就用桌上一块"很精致的布"仔细地擦了自己的刀、叉，然后把餐巾围在了衣领前。为了对刘先生的到来表示欢迎，她一口气喝完餐前的开胃酒，而孙总和薛先生只是随意地喝了一点点，薛先生略显惊讶地说："杜小姐真是好酒量啊！"孙总却尴尬地笑了笑。小杜尽量学着他们的样子使用刀叉，觉得自己挺得体的。在吃饭过程中孙总与薛先生聊得十分开心，小杜也进入"佳境"，嘴里含着还没有咽下去的食物，手里摇晃着刀叉时不时插上几句。中途小杜外出接电话时就把刀、叉和餐巾往桌上一丢说："不好意思，我先离开一会儿。"用餐快结束了，吃饭时喝惯了汤的小杜盛了几勺精致小盆里的"汤"放到自己碗里，然后喝下。薛先生愣住了，而孙总早已是满脸通红。

思考

请问小杜在吃西餐时有哪些失礼之举？

案例二：

小兰该怎么做？

有一次小兰和朋友去用西餐。当时除了左右边刀叉之外，每人的左前方还有一副黄油刀，餐盘上方还有一副点心水果刀叉。小兰不知道如何使用刀叉，吃牛排时就顺手拿起那把黄油刀切牛排，切得很累，也很费时，大家都吃完了，她还没开始吃呢。最后一阵狂剁，一咬牙把肉弄到别人脖子上去了。

 思考

小兰的刀叉使用礼仪有什么问题？她应该怎么做？

知 识 准 备

"西餐"，是我国对欧美地区菜肴的统称。今天，无论是在公务场合、商务场合，还是私人聚会、家庭聚餐，越来越多的中国人有机会尝试各种西餐。西餐因其注重各类营养成分的搭配组合，选料精细，色泽美观，器皿讲究，正日益受到中国人的认可与欢迎，吃西餐也已成为时尚生活的代名词。吃东西人人都会，但想要在用餐过程中体现出自己的优雅气质与个人修养，就必须对西餐礼仪有一个较为深入的了解。

一、西餐的上菜顺序

西餐可分为"欧美式"和"俄式"，"欧美式"又可细分为英国菜、法国菜、美国菜、意大利菜以及德国菜等。各种菜系自成一体，风味各异，但其上菜的基本顺序是相同的。

（一）头盘

头盘又称开胃菜，其作用主要是增进食欲，因而口味以酸咸为主，数量较少，一般安排一道菜。传统的头盘通常是冷菜，现在以热菜作为头盘也很普遍。常见的头盘有鱼子酱、生菜大虾、焗蜗牛、烟熏三文鱼等。

（二）汤

西餐的汤有清汤、蔬菜汤、奶油汤和冷汤这几种类型。常见的汤有海鲜汤、罗宋汤、焗葱头汤、牛尾清汤等。

（三）副菜

西餐中的第三道菜称为副菜。副菜通常选用较易消化的鱼类菜肴，如啤酒炸鱼条、烩海鲜、纸包鲳参鱼、德容虾等都是副菜的上选品种。

（四）主菜

主菜主要是指肉类、禽类菜肴。沙朗牛排、菲利牛排、惠灵顿牛肉、咖喱鸡、橙子鸭等都是其常见的品种。

（五）蔬菜

蔬菜类菜肴可以安排在主菜之后，也可以和主菜同时上桌，所以可以算为一道菜，或称为一种配菜。西餐中的蔬菜可以是煮熟的，也可以是生食的。煮熟的蔬菜如花椰菜、煮菠菜、炸土豆等，生食的蔬菜也就是我们平常所熟悉的用生菜、西红柿、黄瓜等制成的沙拉。

（六）甜品

甜品是指布丁、冰淇淋、奶酪和水果等甜味食物。如苹果馅饼、姜味奶油冻、姜汁蛋奶糕、酸干酪、圣代冰淇淋等都是常见品种。

（七）咖啡或茶

喝咖啡或茶，是西餐从高潮到结束的一个自然过渡。一杯咖啡或茶，可以解除油腻，也为宾主双方餐后的交流、谈心创造一个轻松的环境。

二、西餐用餐礼仪

西餐用餐礼仪

（一）入座

入座时讲究女士优先的原则。一般餐厅服务员会协助女士就座，男士需等待女士入座后再自行就座。如果没有服务员，男士应先协助女士入座，然后再自行就座。入座或离座时，都应从座椅左侧走。

（二）餐巾的使用

餐巾又称口布，是客人用餐时的保洁方巾。其绚丽的色彩，逼真的造型既美化了席面、又烘托了气氛，是用餐过程中不可缺少的用品。

（1）餐巾的铺放。西餐中所用的餐巾，通常被折叠成一定的图案，放置于用餐者的骨碟上或水杯里或右侧的桌面上。如果是长方形餐巾使用时要打开餐巾将其对折，折口向外平铺于自己并拢的大腿上。如果是正方形的餐巾，应将餐巾折叠成等腰三角形，并将直角朝向膝盖方向平铺于自己的大腿上。打开餐巾，并将其折放的整个过程应在桌下完成。将餐巾掖于领口，围在脖子上，塞进衣襟里、裤腰里都是不妥的（见图7-2）。

（2）餐巾的用途。将餐巾平铺腿上的主要目的是不让用餐过程中汤水滴落在衣服上，弄脏衣服。其次是在用餐期间与人交谈之前，可以用餐巾轻轻地擦拭一下嘴，免得自己"满嘴生辉"，有失雅观。但使用时注意动作要小，不要乱涂乱抹。女士进餐前，可以用餐巾轻印一下口部，以除去唇膏。用餐中擦嘴时，最好用餐巾的内侧，通常餐巾不用来擦脸、擦汗、擦餐具，擦鼻涕、擦手也要尽量避免（见图7-3）。还有餐中有时被用来掩口遮羞。进餐中一般不宜当众剔牙或随口吐东西。如果非做不可时，应以左手拿起餐巾挡住口部、然后右手剔牙或接住吐出来的东西。

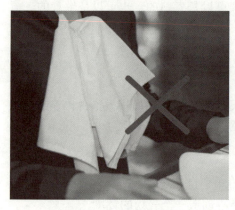 

图7-2　餐巾掖于领口　　　　　　　　　图7-3　餐巾擦鼻涕

（3）餐巾的暗示。按惯例享用西餐时，就餐客人均向女主人自觉看齐，当女主人为自己铺上餐巾时，一般等于正式宣布用餐开始。用餐时若需要中途暂时告退，往往不必大张旗鼓地向他人通报，而只要把本人的餐巾置于自己座椅的椅面上即可。当女主人把自己的餐巾放在餐桌上时，意在宣告用餐结束，其他客人见此情景均应自觉地告退（见图7-4、图7-5）。

（三）餐具的选用

西餐对餐具的使用极为讲究，每一道菜都有不同的盘子、刀叉、勺子、杯子。一次宴会，每位宾客所使用的餐具大约有20多件。西餐餐具一般在开餐前已在桌上摆放好了，餐盘在每个人的正前方，左侧放刀，右侧放叉和勺子，刀叉的数目与上菜的道数是相等的，并按照上菜的顺序由外向内排列。当菜肴送上来后，首先确定应该使用刀叉，还是只用叉或只用勺子。如果菜肴块形较大，则使用最外侧的刀叉分解菜肴。如果是块形较小的食物，则使用最外侧的叉。如果是汤类菜肴，则使用最外侧的勺子舀取菜肴。每一道菜肴用完之后，服务员会撤下用过的刀叉或勺子。以此类推，每次使用最外侧的刀叉或勺子，当所有的菜肴都用完后，餐桌上也不应再留有任何刀叉或勺子。

图7-4　餐巾置于自己座椅扶手上　　　　图7-5　餐巾放在餐桌上

（四）刀叉的使用

刀叉是人们对西餐餐具、餐刀、餐叉的简称。二者既可以配合使用，也可以单独使用。在更多情况下，刀叉是配合使用的。学习刀叉的使用，需要掌握刀叉的类别、刀叉的用法、刀叉的暗示等三个方面的知识。

（1）刀叉的类别及摆放位置。在正规的西餐宴会上，菜肴是一道一道分别上桌的，而每吃一道菜肴，都需更换一副刀叉。也就是说，每吃一道菜肴时，都要配以专用的、不同类别的刀叉，决不可以从头至尾只使用一副刀叉，也不可以不加区分地胡拿乱用刀叉。

享用西餐正餐时，在每一位就餐者面前的餐桌上，都会摆放上专门供其个人使用的刀叉，如吃黄油所用的刀、吃鱼所用的刀叉、吃肉所用的刀叉和吃甜品所用的刀叉等。这些刀叉除了形状各异之外，具体摆放的位置也不同。

黄油刀是没有与之相匹配的餐叉的，它的正确位置，是放在就餐者左手的面包盘上。鱼肉刀叉通常是刀右、叉左地分别纵向摆放在就餐者面前的餐盘两侧，方便就餐者依次分别从两边由外侧向内侧取用。甜品刀叉应最后使用，一般被横向放在每人所用的餐盘的正上方（见图7-6）。

（2）刀叉的使用。正确持刀的方法：右手持刀，拇指抵刀柄一侧，食指按于刀柄上，其余三指弯曲握住刀柄。不用餐刀时，应将其横放在盘子的右上方。正确持叉子的方法：若叉子不与刀并用时，右手持叉取食，叉齿向上。当刀叉并用时，右手持刀，左手持叉，叉齿向下叉住肉；肉被割下后，先把刀放下，叉换右手，用叉子叉上肉送到嘴里。

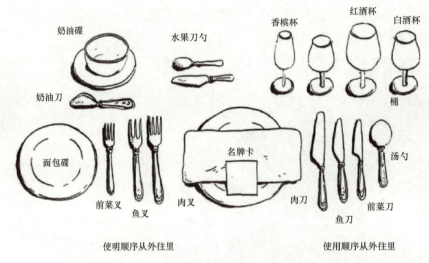

图 7-6　西餐餐具的使用

刀叉并用方式有英国式和美国式两种。英国式的使用方法要求就餐者在使用刀叉时，始终右手持刀，左手持叉，一边切割一边叉而食之，这种方法显得比较文雅；美国式的具体做法是右刀左叉，一鼓作气将要吃的食物全部切好，然后再把右手的餐刀斜放在餐盘的前面，将左手的餐叉换到右手，最后右手执叉就餐。

使用刀叉时不管采用哪种方式均应注意以下几点：

① 切割食物时，不要弄得铿锵作响。

② 切割食物时，应当从左侧开始，由左向右逐步进行。

③ 切割食物时，应当双肘下沉，前后移动，切勿左右开弓，把肘部抬得过高。

④ 每块被切割好的食物大小，应当入口刚刚合适，一般应当以餐叉叉而食之，不可以用餐刀扎着吃，也不可以用餐叉叉起之后一口一口地咬着吃。

⑤ 双手同时使用刀叉时，叉齿应当朝下，右手持叉进食时则应使叉齿朝上，临时将刀叉放下时，切勿使刀刃朝外。

⑥ 如果刀叉掉落地上，一般不应继续使用，应请侍者另换一副。

（3）刀叉的暗示。通过刀叉的不同放置形式，可以暗示用餐继续还是用餐已经结束，可以收走餐具（见图 7-7）。

进餐期间，就餐者如果将刀右叉左，刀刃朝内，叉齿朝下，二者呈"八"字形摆在餐盘上，就是暗示此菜尚未用毕，用餐还将继续。

就餐者如果吃完了某一道菜肴，或者因其不合适口味而不想再吃，则可以刀右叉左，刀刃朝内，叉齿向上并排纵放在餐桌上，或是刀上叉下并排横放在餐盘上。这种做法是在暗示服务员，可以将刀叉连同餐盘一同撤下。

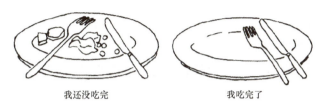

我还没吃完　　　　　　　我吃完了

图7-7　刀叉的暗示

（五）酒杯的使用

餐桌上的高脚玻璃杯有水杯、雪利酒杯、白葡萄酒杯、红葡萄酒杯和香槟酒杯。服务员会在进餐过程中把不同的酒倒入不同的玻璃杯中，因而无须担心会拿错酒杯。拿高脚酒杯时，特别是饮用的是冰镇白葡萄酒时，需用手指捏着杯脚，以免手的温度传给杯中的酒。喝酒时要将杯子移到嘴边，而不应将嘴伸向酒杯。

（六）面包的吃法

点完菜后，服务员会送上面包，放在餐桌中央，让宾客在等待菜肴的过程中不至于感到饥饿。面包的取用应该用手，而不是用叉。已切好的面包，可直接取用；未切好的面包可用公用餐刀切取或用手掰取。拿好面包后，放在自己的面包碟上。食用时，将面包碟上的面包掰下一小块，用刀抹上黄油，再放入嘴中，忌将整块面包都涂上黄油，以免再次掰面包时将黄油粘到手上。

（七）汤的吃法

汤的食用主要依靠勺子。舀汤的方向是从桌边向桌中心方向，以避免汤汁溅到身上。用盘子装盛的汤，到即将喝完时，可以用左手稍微将盘子边提起，右手将盘中的汤舀起。喝汤时，不可将整个勺子放入嘴中，应从勺子的侧边处吸吮，但需注意不可发出声响。汤太烫时，不能用嘴吹，可用勺子搅动使之冷却。如汤是用杯子来盛装的，则不可用汤匙舀来喝，而应把勺子放在杯托里，端起杯子直接喝。

（八）沙拉的吃法

沙拉的食用只可用叉子。右手拿叉，叉齿朝上。如蔬菜太大，无法一口食用时，可用叉子的侧面切下大小合适的蔬菜，再用叉子送入嘴中。

（九）甜品的吃法

甜品的食用可使用叉子，也可使用勺子。如糕点的食用应选用叉子，而冰淇淋的食用应选用勺子。吃苹果、梨等，不要整个咬着吃。应先切成小瓣，然后削去皮、核，用手拿着吃。削皮时，刀刃朝内，从外往里削。吃香蕉，剥皮后用刀切成小块，用叉取食。橙子可用刀切成四瓣后剥皮吃，西瓜、菠萝等可去皮切块，用叉取食。

（十）洗手钵的使用

甜品中的水果不少是用手直接食用的，手上难免会粘到果汁，这时可使用洗手钵来清洗手指。值得注意的是，洗手钵的作用是清洗手指，而不是整个手，因而不可把整个手都浸到水中，也不可把两只手同时浸入水中。正确的做法是，先左手后右手，依次将手指浸入洗手钵中，洗过的手指应用餐巾擦拭干净。

（十一）离席

用餐毕后，客人应等女主人从座位上站起后，再随之一起离席。在进餐中或宴会结束前离席都不礼貌。起立后，男宾应帮助女士把椅子归回原处。

（十二）西餐中酒菜的搭配

在正式的西餐宴会里，酒水是主角，不仅价格最高，而且它与菜肴的搭配也十分严格。一般来讲，吃西餐时，每道不同的菜肴要搭配不同的酒水，吃一道菜便要换上一种新的酒水。

西餐宴会中的酒水，一共可以分为餐前酒、佐餐酒和餐后酒三种。

（1）餐前酒。餐前酒也称开胃酒，通常是具有强烈辣味的酒，如鸡尾酒（Cocktail）、苦艾酒（Vermouth）、雪利酒（Sherry）、苏格兰威士忌（Scotch）、马丁尼（Martini）等。

（2）佐餐酒。佐餐酒多选用葡萄酒。一般白葡萄酒（White Wine）配海鲜鱼虾等白肉，红葡萄酒（Red Wine）配牛肉、猪肉等红肉。红葡萄酒适于在 18 ℃左右饮用，白葡萄酒和桃红葡萄酒则适宜在 7 ℃时饮用，香槟则应冷冻至 4～5 ℃饮用才好，这就是为什么在进西餐时需将酒冷冻在冰桶里的原因。

（3）餐后酒。餐后酒通常选用白兰地，如法国的勃艮第（Burgundy）、波尔图酒（Port）、利口酒（Liquard）等。其作用主要是可以提神，去掉吃饱后的疲倦感。

任务实施卡

学习任务工单				
项目	项目七　商务宴会礼仪	任务		7.3　掌握西餐宴请礼仪
知识目标	1. 了解西餐的上菜顺序； 2. 掌握食用西餐的礼仪。	能力目标	1. 能够做好西餐用餐时的礼仪规范，展现得体进餐行为与语言； 2. 能够掌握西餐用餐时的刀叉礼仪、餐巾礼仪等要求。	素养目标	能够提升个人在西餐餐饮中的气质形象，讲究餐桌礼节与文明的素质目标。
任务要求	1. 案例分析：中国考察团在巴黎 　　背景与情境：一天傍晚，巴黎的一家餐馆来了一群中国人。老板安排了一位中国侍者为他们服务，交谈中得知他们是中国东北某县的一个考察团，今天刚到巴黎。随后，侍者向他们介绍了一些法国菜，他们不问贵贱，主菜、配菜一下子点了几十道，侍者担心他们吃不完，何况菜价不菲，但他们并不在乎。 　　点完菜，他们开始四处拍照，竞相和服务小姐合影，甚至跑到门外一辆凯迪拉克汽车前频频留影，还不停地大声说笑，用餐时杯盘刀叉的撞击声，乃至嘴巴咀嚼食物的声音，始终不绝于耳，一会儿便搞得杯盘狼藉，桌子地毯上到处是油渍和污秽。坐在附近的一位先生忍无可忍，向店方提出抗议，要求他们马上停止喧闹。侍者把客人的抗议转述给他们，他们立刻安静了，看得出来他们非常尴尬。 　　问题：结合西餐宴请礼仪规范对该考察团成员的行为做出评价。 　　2. 调查在校大学生对西餐礼仪的掌握情况，撰写"大学生文明西餐倡议书"。			
任务实施记录	1. 案例分析 2. 撰写"大学生文明西餐倡议书" （1）校园内大学生西餐礼仪掌握情况调查问卷。 （2）校园内大学生西餐礼仪掌握情况调查结论。 （3）大学生文明西餐倡议书。			
任务考核评价	1. 学生分析案例提出的问题，拟出案例分析提纲；小组讨论，形成小组案例分析报告；班级交流，教师对各小组案例分析报告进行点评。 2. 调查校园内大学生西餐礼仪掌握情况，调查翔实，提出的倡议切实可行。			

知 识进阶

一、单选题

1. 中餐上菜的顺序一般是先上（　　），后上（　　）。

A. 热菜　　　　　B. 冷盘　　　　　C. 汤菜　　　　　D. 甜食

2. 关于西餐餐具的使用，下面哪项做法是错误的（　　）。

A. 一般情况下，右手持刀，左手持叉。

B. 在就餐过程中，需同人交谈，刀叉应在盘子上放成八字。

C. 进餐一半，中途离席，餐巾应放在座椅的椅面上。

D. 取用刀叉或汤匙时，应从内侧向外侧取用。

3. 使用餐巾时，不可以用餐巾来（　　）。

A. 擦嘴角的油渍

B. 擦手上的油渍

C. 擦拭餐具

4. 关于喝汤的几种说法中不正确的是（　　）。

A. 要用汤匙，不宜端起碗来喝

B. 喝汤的方法，汤匙由外向内舀汤

C. 喝汤时，不可将整个勺子放入嘴中，应从勺子的侧边处吸吮

5. 西餐大菜正确的食用顺序是（　　）。

A. 开胃小菜，汤，海鲜，肉类，蔬菜，甜品，咖啡

B. 汤，开胃小菜，海鲜，肉类，蔬菜，甜品，咖啡

C. 开胃小菜，汤，肉类，海鲜，甜品，蔬菜，咖啡

6. 如果餐中离座，应该将餐巾放在（　　）。

A. 餐桌上

B. 椅子上，或让它在桌缘边下垂一角

C. 放在椅背上

7. 西餐吃鱼或海鲜时，喝（　　）酒。

A. 鸡尾酒　　　B. 干白葡萄酒　　　C. 红葡萄酒　　　D. 白兰地

8. 在参加各种社交宴请宾客中，要注意从座椅的（　　）侧入座，动作应轻而缓，轻松自然。

A. 前侧　　　　　B. 左侧　　　　　C. 右侧

9. 西餐中取面包时，应该（　　）

A. 用叉子叉

B. 用刀叉一起取

C. 用手拿

二、填空题

1. 在上菜顺序方面，中餐遵循_____、先炒后烧、先菜后点、_____、先清淡后味浓的原则。一般第一道先上_____，第二道是主菜，通常是较为名贵的菜，第三道是_____，数量相对较多，第四道是汤，第五道是甜食、点心，第六道是_____。

2. 西餐的甜品食用可使用叉子，也可使用勺子。如糕点的食用应选用_____，而冰淇淋的食用应选用_____。

三、判断题

1. 宴请基督教的客人尽量不要选13日，尤其是不要选既是13日、又是星期五的日子。（　　　）

2. 一般而言，出席规模盛大、人数众多的宴会，出席公务宴请是需备上一份贵重礼品；而出席私人的小型宴会，如家宴、生日宴等需备上一份小礼品。（　　　）

3. 中餐中，除了汤类食物，尽量不要单独用勺子取用其他食物。（　　　）

参考答案

知识拓展

酒水的知识

餐饮活动中，酒水的种类成百上千，非常之多。就目前而言，在国内所见最多的酒水主要有白酒、啤酒、葡萄酒、香槟酒、白兰地、威士忌、鸡尾酒等。为了很好地掌握这些酒水的主要特性，以便对其正确地、有益无害地加以饮用，有必要对其进行相应的了解。

1. 白酒

（1）白酒的特色

白酒，亦名烧酒、白干。它是高粱、玉米、甘薯等粮食，或某些果品，经发酵、蒸馏制成的一种酒类。它通常没有任何颜色，而且酒精含量大都比较高，属于典型的烈性酒。白酒在我国各地均能生产，但因工艺的不同而分成各种香型。当前，最著名的白酒有茅台酒、五粮液酒、剑南春酒、酒鬼酒等。

（2）白酒的饮用

白酒可以净饮干喝，也可以用来帮助吃菜下饭，有时候甚至还可以泡药作引。不过，白酒不能与其他酒类或汽水、可乐等软饮料混合同饮，否则极易醉酒。

在正式场合喝白酒，讲究以专用的瓷杯或玻璃杯盛酒。它们"肚量"不大，所以喝白酒讲究"酒满敬人"和"一饮而尽"。喝白酒时，通常不必加温、加冰，也不必加水对其稀释。

2. 啤酒

啤酒，是外国人发明的一种历史悠久的酒类。严格地说，在国外，人们主要把啤酒当成是一种日常饮料，而并不把它当作真正的酒来看待。

（1）啤酒的特色

啤酒，又叫麦酒。它是一种用大麦和啤酒花为主要原料，经发酵而制成的酒类。它含有大量的泡沫和特殊的香味，味道微苦，酒精含量较低，一般在 4 度左右。目前，世界各国都出产啤酒，但它主要分为德国式、捷克式和丹麦式三大类型。根据工艺的不同，味道又有生啤、熟啤之分，黄啤、黑啤和红啤之别。较为知名的啤酒品牌有德国的贝克、荷兰的喜力、丹麦的嘉士伯、美国的百威、日本的朝日、中国的青岛和燕京等。

（2）啤酒的饮用

饮用啤酒，一般应采用倒三角形或带把的啤酒杯，饮用它的最佳温度是 7 ℃左右，所以不要加冰或久冻。喝啤酒时，讲究大口饮用。在国外，啤酒是上不了筵席的。然而在国内，它却在社交聚餐中频频露面。此外，啤酒还可以作为消暑解渴的最佳饮品。

3. 葡萄酒

（1）葡萄酒的特色

葡萄酒，即以葡萄为主要原料，经发酵酿制而成的一种酒类。它的酒精含量不高，味道醇美，富含营养。根据其色彩的不同，葡萄酒有白葡萄酒、红葡萄酒和桃红葡萄酒之分。根据其糖分含量的不同，又可将葡萄酒分为干、半干、微干、微甜、半甜和甜等几种类型。目前干葡萄酒是世界上最流行的种类。这里所谓的"干"，意即它基本不含糖分。葡萄酒的酒精含量在 12 度左右。在世界上，最有名气的葡萄酒产地是法国的波尔多地区。

（2）葡萄酒的饮用

葡萄酒不仅可以佐餐，而且也可以单独饮用。喝不同的葡萄酒，对其温度有不同的要求。白葡萄酒宜在 7 ℃左右喝，故应当加冰块；而红葡萄酒则在 18 ℃左右饮用最佳，故不宜加冰块。喝葡萄酒时，要用专门的高脚玻璃杯。喝白葡萄酒时，要捏着杯脚；而喝红葡萄酒时，则讲究握住杯身。喝葡萄酒时兑可乐或雪碧的做法是不正确的。桃红葡萄酒，又叫玫瑰红葡萄酒。它的口味、喝法与白葡萄酒略同，而且因其色泽柔美，多为女性所喜爱。

4. 香槟酒

在国内，香槟酒的知名度一直比较高，而且其实际应用也较为广泛。

（1）香槟酒的特色

香槟酒，也叫发泡葡萄酒，或者"爆塞酒"，实际上，它是一种以特种工艺制成的、富含二氧化碳的、起泡沫的白葡萄酒，因其产于法国香槟地区，故得此名，其酒精含量约在 10 度左右，口感清凉、酸涩，且有水果香味。

（2）香槟酒的饮用

香槟酒以在 8 ℃左右饮用为佳，故在饮用之前须将其暂时冷藏于冰桶之内。开瓶时，可稍事摇晃，然后再启去瓶塞。届时，它就会连泡带酒一同奔涌而出，为人平添欢快的气氛。饮用香槟，须用郁金香形的高脚玻璃杯，并应以手捏住杯脚。香槟酒可用来佐餐、祝酒，也可以单独饮用，或者是在庆典仪式上以之为人助兴。

5. 白兰地酒

在所有洋酒中，白兰地酒是最为名贵的。过去，它曾一度与威士忌酒和茅台酒被并称为"世界三大名酒"。

（1）白兰地酒的特色

白兰地酒，亦为葡萄酒大家族里的特殊一员，它是用葡萄干发酵之后蒸馏精制而成的，故此又叫作蒸馏葡萄酒，它的酒精含量约为 40 度，色泽金黄，香甜醇美。世界上知名的白兰地酒的品牌有马爹利、轩尼诗、人头马、拿破仑等，并以产于法国干邑地区、储存时间较长为佳。

（2）白兰地酒的饮用

与白酒有所不同，以白兰地为代表的洋酒大都是以盎司计量的，因此它不讲究"酒满敬人"。饮白兰地酒的最佳温度为 18 ℃，故应将其盛在专用的大肚、收口、矮脚杯内。先以右手托住杯身观其色彩，并以手掌为其加温。随后，待其香味洋溢时，闻过之后再慢慢小口品味。

6. 威士忌酒

假如说白兰地酒是洋酒之中的"贵族"，那么相对来说物美价廉的威士忌酒则是雅俗共赏的洋酒。

（1）威士忌酒的特色

威士忌酒，是一种用谷物发酵酿造而成的烈性蒸馏酒。它的口味浓烈、刺激，酒精含量约为 40 度。在世界各国生产的威士忌酒中，首推英国苏格兰地区生产的威士忌酒最为有名，其知名品牌有尊尼获加、威雀、老伯、添宝等。

（2）威士忌酒的饮用

威士忌酒可以干喝，不过加入冰块、苏打水或姜汁后，其味道更好。喝威士忌酒时，最好采用专门的平底小玻璃杯，耐心细致地慢慢将其品尝。喝威士忌，不但可以自斟自酌，而且也可以去酒吧里喝。

7. 鸡尾酒

（1）鸡尾酒的特色

准确地讲，鸡尾酒并非某一种类的酒，而是一种混合型的酒。它是用各种不同的酒，以及果汁、汽水、蛋清、糖浆等其他饮料，按照一定的比例，采用专门的技法调配而成的。它的口味有浓有淡，酒精的含量有多有少，但其共同特点是异彩纷呈，层次分明，闪烁不定，好似雄鸡之尾，故被叫作鸡尾酒。比较有名的鸡尾酒有马提尼、曼哈顿、红粉佳人、血腥玛丽、亚历山大、螺丝起子、天使之吻等。

（2）鸡尾酒的饮用

饮用鸡尾酒，可以去酒吧，也可以是在聚餐之时。为了便于观赏其独具特色的丰富色泽，最好用高脚广口的玻璃杯去盛鸡尾酒。讲究之人，往往不会把数种不同的鸡尾酒混杂在一起饮用。

项目八　求职面试礼仪

　　求职者是否能够成功入职自己心仪的职位，最为关键的一步就是参加求职面试，因为在人与人的信息交流形式中，面谈是最有效的。与用人单位的人事主管进行面对面的交流，从而使用人单位知道你就是他们所需要的人才。在面试中，面试官对求职者的第一印象至关重要，这很大程度上决定了他是否会录用你，而根据统计，人与人之间第一次见面时印象的好坏只有30%是取决于语言交流，其余都是通过眼神交流和面试者的气质、形象、身体语言来判断的，所以求职者在面试时不仅要注意自己的谈吐，而且要注意自己的衣着打扮，并且避免谈话时做出很多下意识的小动作和姿态。由此可见，求职者除了要具备良好的专业技能外，还需要掌握相应的求职礼仪。

　　心理学家认为，第一印象主要是性别、年龄、衣着、姿势、面部表情等"外部特征"。一般情况下，一个人的体态、姿势、谈吐、衣着打扮等都在一定程度上反映出这个人的内在素养和其他个性特征。

　　《三国演义》中凤雏庞统当初准备效力东吴，于是去面见孙权。孙权见到庞统相貌丑陋，心中先有几分不喜，又见他傲慢不羁，更觉不快。最后，这位广招人才的孙仲谋竟把与诸葛亮比肩齐名的奇才庞统拒于门外，尽管鲁肃苦言相劝，也无济于事。众所周知，礼节、相貌与才华决无必然联系，但是礼贤下士的孙权尚不能避免这种偏见，可见第一印象的影响之大。

　　那么，什么是求职礼仪呢？一般来说，求职礼仪就是指求职者在与企业招聘方沟通交流的过程中应该遵循的行为规范和准则。按照求职的不同阶段，求职礼仪可分为求职面试前准备礼仪、求职面试礼仪、面试结果跟进及就职礼仪。

任务 8.1　掌握求职前的准备

知识目标

- 了解求职礼仪的含义；
- 掌握求职面试前需做的准备工作。

能 力目标

- 能够做好面试前的准备工作；
- 能够正确地认识自己。

素 养目标

- 提升学生礼仪文化素养；
- 培养学生树立正确的职业价值观。

能 量小贴士

有礼貌不一定总是智慧的标志，可不礼貌总使人怀疑其愚蠢。——兰道尔

小 案例

案例一：

三位大学毕业生来到一家公司应聘。由于当天面试人员有很多，所以公司决定让他们三个同时进行面试。当这三位同学进入人力资源部经理办公室时，经理看了一眼三人的衣着，有两位同学穿的是 T 恤牛仔裤，其中一位的牛仔裤上还有一个大洞，经理没有说话，只说了一句"随便坐"，便低头看起他们三人的简历来。当经理看完简历，抬头一看，欲言又止，只见两位身穿 T 恤牛仔的同学坐在沙发上，一个架起二郎腿，而且两腿不停地颤抖，另一个身子松懈地斜靠在沙发一角，一只手撑着头看着手机，只有一个同学端坐在椅子上等候面试。经理起身非常客气地对两位坐在沙发上的同学说："对不起，你们二位的面试已经结束了，请退出。"两位同学面面相觑：面试怎么什么都没问就结束了？

思考

从这两位同学的面试失败中可以汲取什么教训？

案例二：

某公司到一所高职院校招聘销售业务员，来应聘的学生有很多。该公司的第一轮面试是让这些应聘的同学轮流到讲台上进行自我介绍。在正式开始自我介绍之前，公司的招聘人员给每位应聘的同学发了一份自己公司的产品宣传手册，但是大多数同学都一心准备着自己的讲稿，根本没有注意看。在自我介绍

时，一位物流管理专业的同学表达了自己对该工作的向往，却说自己口头表达能力不强，交际能力也比较差，最后被淘汰了。经过一轮自我介绍后，有10位同学进入了复试环节。这时，面试官问一位市场营销专业的同学："你了解我们的产品吗？"这位同学愣了一下随口回答说："不是很了解，但是如果你们录用了我，我很快会了解的。"结果可想而知，这位同学没有通过面试。

 思考

（1）那位物流管理专业同学的自我介绍有什么问题？该如何改进呢？

（2）从这位市场营销专业同学的面试失败中可以汲取什么教训？

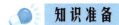 **知识准备**

一、正确认识自己

（一）你知道自己是什么性格吗？

一个人的性格与其职业选择有很大的关系，它决定了这个人会选择什么样的职业。不同的性格类型会体现不同人的个性特征，想要清楚地认识自己，关键要了解自己的性格特点，以便发挥自己性格的优势。关于性格分类的方法有很多种，现在比较常见的是将人的性格分为活泼型（多血质）、力量型（胆汁质）、完美型（黏液质）、和平型（抑郁质）四种类型。

一般说来，活泼型性格的人热情、积极、乐观，善于表现自己，很容易就能交到朋友，乐于表现自己，有创新意识，语言表达能力强。但是这种性格的人健忘，说话容易夸大其词。力量型性格的人一般阳光有活力、行动力比较强、善于表达自己的情感。这一类人领导力和行动力都很强，做事目标明确，不会轻易放弃。但是这种性格的人对于细节上不太注意，且比较固执，容易让人有压迫感。完美型性格的人一般比较沉稳冷静、有较强的责任感、为人低调。这种性格的人行事十分谨慎，关注细节，做事讲原则。但是因为他们有时过于沉稳冷静，情感不喜外露，容易给人距离感。和平型性格的人冷静、温和，对人宽容，是一个很好的聆听者，这类性格的人善于处理人际关系。但是他们往往比较懦弱，有时因为性格过于温和会显得比较中庸，让人觉得麻木，且做事拖拉。

当然，性格类型只是我们求职的一个参考因素，并不是性格开朗、积极乐观的人就一定能找到好的工作，而内向、不善于表达的人就不能找到理想的工作。

（二）你知道自己有什么长处吗？

在选择做什么职业之前，需要了解自己的长处与短处，要对自己在知识、技能、才艺等方面有哪些专长有一个清楚的认知，同时在选择就业领域的时候考虑是否能将这些专长发挥出来。了解自己的长处，有利于在求职时扬己之长，避己之短。

有人一被问及"专长"二字，就妄自菲薄，觉得自己"身无一技之长"。诚然，天赋智能是与生俱来的，但是知识与技能是通过后天学习获得的，而后者却是实现职业理想的重要因素。正确认识到自己的短处，积极弥补自己的不足，不打无准备之战，这才是当代大学生该有的就业态度。

（三）你清楚自己的兴趣爱好吗？

兴趣爱好是个人力求接近、探索某种事物和从事某种活动的态度和倾向。兴趣爱好对于选择就业方向非常重要，当一个人对某事物非常感兴趣时，会对其产生特别的注意，对该事物观察敏锐、记忆牢固、思维活跃、情感深厚。人们常说："做一行，爱一行"，反之，"爱一行，做一行"亦然。例如，如果一个人的兴趣爱好是旅游，那么他会更乐于选择导游、乘务员等职业。可以说，兴趣爱好是一个人事业成功的重要条件。

当然，从另一个角度看，人们的兴趣爱好太过广泛，这与社会所能提供的职业类别、数量有着较大的差距。你有什么样的兴趣爱好，就能找到什么样的职业与之相匹配，这怎么可能呢？

大学毕业生在找工作的时候往往会对自己未来的工作有美好的预期，幻想着自己能够轻易找到自己喜欢且薪资待遇满意的工作，但是我们要知道，"天上不会掉馅饼"，越是有这种脱离实际的想法的人往往到最后越会发现事与愿违，所以我们应该首先端正态度，要知道现在人才流动频繁，求职竞争越来越激烈，我们可以选择先就业，等积累了一定的工作经验之后再进行择业。其次，我们可以培养对现在工作的兴趣，"做一行，爱一行"。兴趣是可以培养的，当你以积极的态度去对待那些你一开始并不喜欢的事情，也许你就会渐渐认识到这些事情对你的意义与影响，兴趣和爱好也就随之而来啦！

二、了解应聘企业及岗位情况

"不打无准备之战"，想要面试成功，我们需要在对自己做好充分认知的同时也需要对应聘企业及岗位的具体情况进行一定的了解。

提前了解了应聘企业的招聘要求以及企业的性质、业务范围、企业文化等信息，那么在参加面试时如果被问及涉及企业的相关问题时就可以从容应对，给面试官一个良好的印象。

　　除了事先了解企业情况外，我们还应该对企业的招聘要求进行深入的分析，从而判断自己是否符合他们的要求，是否具备该工作所需的专长，并以此来调整自己，把握自己的长处，使自身条件和企业对应聘者的素质要求相吻合。一般企业的招聘信息往往会包含"硬件"和"软件"两个方面。

　　（1）用人单位对"硬件"的要求。在需方人才市场上，招聘单位对求职者的年龄、生理条件、学历、专业技术水平等硬指标都有明确的要求。例如，秘书岗位往往要求文笔、英语和现代办公设备的使用能力，这些要求近年已经逐步量化为硬件。

　　（2）软件条件。所谓"软件"，是由那些"良好的""熟练的"等词汇来体现的，这些条件往往在面试时无法体现，可以说是高难标准。但是如果应聘者具备相应的等级证书或者比赛获奖证书等，就可以很好地量化展示自己的软件条件。例如一张英语演讲比赛的获奖证书就可以很好地量化你的英语口语水平；而一张学校的辩论比赛获奖证书则可以说明你的语言表达能力。此外，有的企业招聘时会有"有相关专业工作经验者优先考虑"这条声明，那么在空余时间的兼职打工的经历会为你加分不少。

三、准备迎接挑战

（一）心理准备

1. 不要紧张

　　不论做什么事情，很少有人能够一蹴而就，求职面试也是如此。做好面试前的各项准备工作，到了面试时反而应该放轻松，以平常心去对待每一次面试，不要因为一次面试失败而耿耿于怀，甚至产生了畏惧感，失去再次尝试的勇气，而应该百折不挠、锲而不舍。同时，我们选择职业也不能只盯着国企、外企等大型知名的企业，要看到在一些私营、个体经济中选择职业岗位同样大有作为，记住："是金子总会发光的。"

2. 不要自卑

　　当前人才流动越来越频繁，求职的竞争也越来越白热化，作为一名高职生，与众多本科生甚至研究生相比，知识、能力上可能会有一定的差距。但是我们也不能妄自菲薄，要知道经过了三年的专业技能的学习和锻炼，在动手能力和实际操作技能上是有绝对优势的，只要我们在面试过程中恰当地突出自身的优势，向面试官展现出自身良好的素质和修养，相信一定可以得到自己心仪的工作。

3. 模拟演练

　　参加过几次面试的人都知道，大多数企业的面试都有一定的"套路"，如果你花上一定时间进行模拟演练——想象一下面试中可能会被问到的问题，准备好该如何回答，那么你面试成功的机会就会大大增加。

（二）物质准备

心理上准备好了，接下来就应该着手相关的物质准备，一般包括：

1. 求职信

求职信是求职者写给招聘企业的信，目的是让企业的招聘人员了解自己的相关情况，从而判断自己是否适合该公司招聘的岗位，它是一种私人对公并有求于公的信函。

企业如果要招聘新员工，往往都会在发布的招聘信息中要求求职者先递交求职材料，他们通过求职材料对众多求职者有一个大致的了解后，再通知面试人选。由此可见，求职信的质量与求职者是否能进入下一轮的角逐有着直接的关系。

（1）基本结构。

标题　先在信纸第一行的正中写好标题"求职信/自荐信"。

称谓　在第二行顶格书写招聘单位名称或个人姓名，如不知道对方的确切姓名，则可用"尊敬的领导"等敬称。

正文　第一段：自己的基本情况，这段是正文的开端，也是求职的开始，介绍有关情况要简明扼要，对所求的岗位，态度要明朗。而且要吸引受信者有兴趣将你的信读下去，因此开头要有吸引力。

第二段：拟应聘的岗位，应聘贵公司的原因，自己在校期间的表现。（相关专业课程成绩，所获奖项、证书等。）

第三段：在校任职情况/课余兼职情况；参加活动/比赛情况。

第四段：自己的期望。

结尾　另起一行，空两格，写上表示敬祝的话。如："此致"之类的词，然后换行顶格写"敬礼"，或祝福对方"工作顺利""公司事业蒸蒸日上"等相应祝福语。

署名和日期　写信人的姓名和成文日期写在信的右下方。姓名写在上面，成文日期写在姓名下面。成文日期要年、月、日俱全。

（2）写作技巧。

要写出一封优秀的求职信，首先要明确求职目标。在信的前两段就明确地写出你想应聘的岗位，尤其是在企业方有多个岗位招聘的情况下一定不能模棱两可，也不要笼统地说自己可以服从企业安排。同时，尽量在信中表达出对自己所希望从事的岗位的热爱之情。

其次是实事求是。在自荐信中介绍自己的学习成绩、工作（兼职）经历、参与的活动与比赛及所取得的成绩时，不能弄虚作假、无中生有，但也不必太过谦虚客气。另外，自己的缺点和现在还不具备的素质，最好不要在自荐信上提及。

此外，在写求职信的时候还需注意书写格式和用词的规范性。求职信实际上是你给招聘人员的"第一印象"。一封格式错误、字迹潦草的求职信，简直就是你求职路上的"绊脚石"。

2. 个人简历

个人简历，又称履历表，是求职材料中最为重要的部分，一般紧跟在求职信的后面，是求职者全面素质和能力体现的缩影，同时也是对求职者能力、经历、技能等的简要总结。它的主要任务就是争取让对方和求职者联系，唯一的目的就是争取到面试的机会。一份简历，好比是产品的广告和说明书，既要在短短几页纸中把求职者的形象和其他竞争者区分开来，又要切实把求职者的价值令人信服地表现出来。一份吸引人的简历，是获取面试机会的敲门砖。所以，怎样写一份"动人"的简历，成了求职者首要的工作。简历一般要求简洁明了，最好以表格的形式呈现，后面可以附上你想让招聘方了解的信息，如各项证书、奖状等，让人一目了然。

3. 自我介绍

如果你的求职信和个人简历打动了企业方，那么你就可以进入下一阶段的准备了，一般企业招聘面试环节的第一件事就是要求职者介绍一下自己，那么，什么样的自我介绍才能在短短几分钟的自我介绍时间里让对方觉得你就是他们要找的人呢？

首先，在自我介绍中，既可以写才，也可以写德，还可以加入一些生动的例子来强调自己的优点，如"我有坚强的意志力和超强的耐力，当然这是后天训练出来的结果，因为我是名长跑运动员，在以前大大小小的比赛中，无论自己有多累，我都会对自己说，你要坚持下去，你现在是在跑道上，你必须用跑的形式来结束这场比赛，你不可以停下来，如果你停下来你就失败了，你就是个十足的失败者，自己都会瞧不起自己。但是如果我没有放弃，即使我是最后一个跑过终点线的人，我同样会为自己感到骄傲和自豪，因为我战胜了自己"。这样的自我介绍更能让人印象深刻。此外，才能方面既可介绍专业知识技能，也可涉及其他知识技能及业余爱好等，当然，所写爱好应对自己应聘的工作有利。同时，也可以谈应聘的原因。

其次，在自我介绍时一定要突出自己的优势。即根据应聘职位的需要，谈自己符合招聘要求的最突出之处。如：在应聘某些需要团队合作及领导能力的职位时这样介绍自己："我在读大学期间，曾经担任过校体育部的副部长，学校举办的很多活动都是由体育部来组织的，所以已经习惯了在强压下工作。令我印象最深的是校运动会，那可是学校的大型活动，基本上从头至尾都是由体育部自己操办，包括很多的细节，例如要安排好每个班级的位置，运动会开幕式的入场顺序，各项比赛的时间安排，等等。"这样的自我介绍就很可能受到青睐。

第三，自我介绍一般先是介绍自己的基本情况；然后告知对方自己选择这个专业或应聘此职位的原因，以及自己竞聘此职位的优势，如学识、经验、成就、爱好等；接着表达如果自己入职后的设想或决心，最后以再一次表达自己想得到这份工作的愿望来结尾。当然大家可以根据自己实际的情况灵活安排。但不管怎样都必须围绕主题，条理清晰。此外，我们在准备自我介绍稿的时候还要注意这部分内容应与个人简历、报名材料上的有关内容相一致，不要前后不一。在介绍这些内容时，应使用灵活的口头语进行表达，而不是像书面语一样一板一眼，严整拘束。这些个人基本情况的介绍没有对或错的问题——都属于中性问题，但如果因此而大意就不妥了。

当企业有多个岗位招聘时，求职者在自我介绍中必须明确说明自己应聘的是哪个岗位，如"我叫××，来自××学院××专业，我应聘的是贵公司的销售助理一职"。

第四，做自我介绍时，对对方的称呼要正确。如不知道主考人的身份和姓名，可称"各位领导"；如已知道，则也可称"×经理""×主管"等。称呼之后要问："大家好"或"您好"。自我介绍结束时，一定要表示"谢谢"。另外在自我介绍的过程中，用词和态度也应有礼貌，表现出对对方的尊敬。

最后，自我介绍篇幅要适中，一般控制在1～3分钟。太短显得你没有做好充分的准备，太长了又会让人觉得你这个人太过啰唆。

4. 推荐信

这要看招聘企业的要求和应聘者本人意愿而定，一般涉外企业机构比较重视推荐信，或许还有印好固定格式的推荐信或推荐表。

5. 其他材料

毕业证书、学位证书、各项资格证书以及身份证等必要证件原件。

（三）形象准备

应聘者参加面试时的着装没有固定的要求，应根据自己的实际情况全面考虑，得体的衣着打扮在一定程度上可以表示出应聘者对本次面试的重视。

一般说来，面试时女士发型应该端庄文雅，梳理整齐，发色不要过分鲜艳，可以适当化淡妆，如使用香水，则注意选择清新淡雅的香型。着装应首选深色套裙、套装或者连衣裙，其中尤以西式套裙、套装为佳。男士头发不可太长，尽量不要烫发染发，着装方面应选择同质同色的西服套装，并配以与其色调协调的衬衣、领带、皮鞋。总之，要让自己的服饰传达出这样的信息：你是一个认真可靠的人。面试形象准备要领如表8-1所示。

表 8-1　面试形象准备要领

性别	要领
男士	1. 短发，清洁、整齐、无头屑、染色不可太鲜艳。 2. 精神饱满，面带微笑。 3. 白色或浅色衬衫，领口、袖口无污迹。 4. 领带紧贴领口，美观大方。 5. 西装平整、清洁。 6. 西装口袋不放物品。 7. 西裤平整，有裤线。 8. 短指甲，保持清洁。 9. 皮鞋光亮，深色袜子。 10. 全身服饰在三种颜色以内。
女士	1. 发型文雅、庄重，梳理整齐，不披头散发，不染鲜艳的发色。 2. 指甲长度适中，不涂过分鲜艳的指甲油。 3. 身上无异味，如使用香水，则应选用清雅香型。 4. 化淡妆，面带微笑。 5. 着正规套装。 6. 裙子长度适宜。 7. 穿肤色丝袜，无破洞。 8. 鞋子光亮、清洁。 9. 全身服饰三种颜色以内。

　　当然，这只是一般情况下的要求，应聘者可以根据不同的求职岗位进行调整。所以在参加面试前，应聘者可以去了解一下自己要面试公司的工作环境或着装要求，然后再来选择与其相符合的着装。但是，不管面试企业的着装要求是正规还是随意，要求员工衣着打扮要端庄、整洁这一点是肯定的，所以面试时绝对不能奇装异服和浓妆艳抹。此外，面试时穿 T 恤、牛仔裤、运动鞋也是不可取的。

　　总之，面试时展现自己良好的仪容仪表也是推销自己的一个重要手段。

任务实施卡

学习任务工单					
项目	项目八　求职面试礼仪		任务		8.1　掌握求职前的准备
知识目标	1. 了解求职礼仪的含义； 2. 掌握求职面试前需做的准备工作。	能力目标	1. 能够做好面试前的心理准备工作； 2. 能够做好面试前的物件、仪容仪表准备工作。	素养目标	1. 提升学生礼仪文化素养； 2. 培养学生树立正确的职业价值观。
任务要求	1. 试试看：个性类型与职业类型匹配测评（测试表见附件1）。 2. 参考教材、微课视频（也可利用手机上网查阅资料），根据自己心仪的岗位和自己的实际情况设计一份求职方案：对自己的认知、面试前的心理准备和物质准备。				
任务实施记录					
任务考核评价	1. 每小组选出学生代表依次到讲台上进行针对某一职位的自我介绍； 2. 学生小组之间进行点评； 3. 教师整体评价并指出学生表述中的优缺点； 4. 学生自我评价，小组打分，选出优秀的自我介绍稿供全班同学学习。				
	评价标准： 1. 语言清晰、流畅，音量适中，语气充满自信。20% 2. 通过沟通让大家记住你的优点、特长。30% 3. 语言表达思路清晰，重点突出，态度诚恳。30% 4. 体态自信、大方。10% 5. 语言有吸引力。10%				

附件1

个性类型与职业类型匹配测评表

一、职业个性测评

测评方法：对下面的一系列问题，按照自己的真实情况，如实回答"是"或"否"。

括号内画"√"号，二者只画其一。

第一组	是	否
你喜欢把一件事情做完后再做另一件事吗？	（　　　）	（　　　）
你喜欢在做事情前，对此事做出细致的安排吗？	（　　　）	（　　　）
你喜欢修理家具吗？	（　　　）	（　　　）
你喜欢出头露面、引人注目吗？	（　　　）	（　　　）
你喜欢使用锤子、榔头一类的工具吗？	（　　　）	（　　　）
第一组统计次数	（　　　）	（　　　）

第二组	是	否
你喜欢解决数学难题吗？	（　　　）	（　　　）
你认为自己更多的是属于思考型而不是情感型的人吗？	（　　　）	（　　　）
你具有研究自然科学的能力吗？	（　　　）	（　　　）
你喜欢对难题做出深入的研究和探讨吗？	（　　　）	（　　　）
你喜欢独自做实验吗？	（　　　）	（　　　）
第二组统计次数	（　　　）	（　　　）

第三组	是	否
你喜欢做实际工作吗？	（　　　）	（　　　）
你的动手能力强吗？	（　　　）	（　　　）
你怕难为情吗？	（　　　）	（　　　）
你喜欢修理电器和做罐头食品一类的事吗？	（　　　）	（　　　）
你喜欢维修自行车、电视机、收音机吗？	（　　　）	（　　　）
第三组统计次数	（　　　）	（　　　）

第四组	是	否
你喜欢照顾别人吗？	（　　　）	（　　　）
你爱交际吗？	（　　　）	（　　　）

你责任心强吗？ ( ) ( )

你对教育工作感兴趣吗？ ( ) ( )

你对咨询工作感兴趣吗？ ( ) ( )

第四组统计次数 ( ) ( )

第五组 是 否

你具有冒险精神吗？ ( ) ( )

你喜欢售货吗？ ( ) ( )

你善于为自己的观点辩护吗？ ( ) ( )

你善于组织各种活动吗？ ( ) ( )

你喜欢当经理吗？ ( ) ( )

第五组统计次数 ( ) ( )

第六组 是 否

你喜欢写诗或小说吗？ ( ) ( )

你喜欢油画吗？ ( ) ( )

你具有音乐、艺术、戏剧方面的才能吗？ ( ) ( )

你喜欢当记者吗？ ( ) ( )

你具有唱歌跳舞方面的特长吗？ ( ) ( )

第六组统计次数 ( ) ( )

第七组 是 否

你喜欢有条不紊的事务性工作吗？ ( ) ( )

你喜欢遵照上级的指示做细致的工作吗？ ( ) ( )

你做一项工作，既仔细又有效吗？ ( ) ( )

你喜欢办公室的统计工作吗？ ( ) ( )

你喜欢做分类工作吗（如书刊、邮件分类）？ ( ) ( )

第七组统计次数 ( ) ( )

第八组 是 否

你喜欢独立工作吗？ ( ) ( )

你喜欢生物课程吗？ ( ) ( )

你喜欢自然科学研究方面的工作吗？ ( ) ( )

你喜欢阅读自然科学方面的书籍和杂志吗？ ( ) ( )

你喜欢物理课程吗？ ( ) ( )

第八组统计次数 ( ) ( )

第九组	是	否
你喜欢社会活动吗？	（　）	（　）
你喜欢与人协作吗？	（　）	（　）
你具有较强的口才能力吗？	（　）	（　）
你能帮助后进的甚至是犯错误的朋友吗？	（　）	（　）
你喜欢结交朋友吗？	（　）	（　）
第九组统计次数	（　）	（　）

第十组	是	否
你喜欢行政工作吗？	（　）	（　）
你喜欢在许多人面前发表言论吗？	（　）	（　）
你喜欢推销商品吗？	（　）	（　）
你喜欢参加会谈吗？	（　）	（　）
你善于做别人的思想工作吗？	（　）	（　）
第十组统计次数	（　）	（　）

第十一组	是	否
你是一个沉静而不易动感情的人吗？	（　）	（　）
你善于整理书籍、报纸、杂志吗？	（　）	（　）
你喜欢打字工作吗？	（　）	（　）
你喜欢记账工作吗？	（　）	（　）
你喜欢收款工作吗？	（　）	（　）
第十一组统计次数	（　）	（　）

第十二组	是	否
你喜欢写作文吗？	（　）	（　）
你具有丰富的想象力吗？	（　）	（　）
你是一个感情丰富的人吗？	（　）	（　）
当你接受一项新任务，你喜欢用自己独特的方法去完成吗？	（　）	（　）
你能创造新事物吗？（如创作故事、图画、诗歌等）	（　）	（　）
第十二组统计次数	（　）	（　）

二、职业个性类型评定

方法说明：对职业个性测评表上的每个问题回答"是"则为1分，回答"否"为0分，填完测评表后统计各组数据后再填下表。每组个性类型得分最高为10分。如果某组得分在6项中最高，则表明测评者所具备的相应的职业个性类型。

组项		得　分	相应的个性类型
123456	第一组加第三组	（　）	现实型（R）
	第二组加第八组	（　）	研究型（I）
	第四组加第九组	（　）	社会型（S）
	第五组加第十组	（　）	管理型（E）
	第六组加第十二组	（　）	艺术型（A）
	第七组加第十一组	（　）	常规型（C）

三、职业个性类型及适宜的专业群对照表

说明：求职者在进行职业个性测评后，可根据自己的个性类型和特点，考虑选择适宜的职业。

类型	个性特点	适宜专业群职业
现实型 R	喜欢有规则的具体劳动和需要基本技能工作。这类职业一般是指熟练的手工行业和技术工作，通常要运用手工工具或机器进行劳动。这类人往往缺乏社交能力	化学工业、机械工业、电子工业、电力工业、缝纫业、印刷业、建筑业、烹饪业、纺织业、交通运输业、玻璃与搪瓷制造业、冶炼与压延业、金属切削加工、工科各类、农林类专业等
研究型 I	喜欢智力、抽象的、分析的、推理的、独立的定向任务。这类职业主要指科学研究和实验方面的工作。这类人往往缺乏领导能力	化学工业、机械工业、电子工业、电力工业、缝纫业、工艺美术品制造业、建材业、园林业、邮电通信业、医疗卫生业、文化教育业、经营管理业、工科各类、经济类、医药类专业等
艺术型 A	喜欢通过艺术作品来达到自我表现，爱想象，感情丰富，不顺从、有创造性、能反省，这类职业主要指艺术、文学、音乐等方面的工作，这类人往往缺乏办事员的能力	缝纫业、印刷业、建筑业、烹饪业、工艺美术品制造业、园林业、服务业、文化教育业、文学类新闻类、艺术类等专业
社会型 S	喜欢社会交往，出席社交场所，关心社会问题，愿为别人服务，以及对教育活动感兴趣，这类职业主要指为他人办事的工作，诸如医治人、教育人、帮助人的工作，这类人往往缺乏机械能力	纺织工业、电力工业、电子工业、建筑业、交通运输业、邮电通信业、医疗卫生业、文化教育业、工艺美术制造业、服务业、文秘干部、社会科学类、师范类、卫生类专业等
管理型 E	性格外倾，爱冒险活动，喜欢担任领导角色，具有支配、劝说、使用言语技能的工作，这类人往往缺乏科学研究能力	机械工业、交通运输业、商业物资供销、经营管理业、金融财会、医疗卫生业、园林业、服务业、文化教育业、公安、政法类、商业经营类、企业管理类专业等

续表

类型	个性特点	适宜专业群职业
常规型 C	喜欢系统的、有条理的工作任务，具有实际的、良好的、控制的、友善的、相当保守的特点，这通常指各部门主管日常事务的办公室工作，他们常要和各种组织机构、文件档案和活动安排之类打交道，这类人往往缺乏技术能力	化学工业、玻璃与搪瓷制品业、冶炼与压延业、金属切削加工、粮食食品业、制药工业、金融财会、纺织工业、印刷业、邮电通信业、计算机应用、文秘干部、财经类、文秘档案类专业等

任务 8.2　掌握面试中的礼仪

知识目标

● 了解求职面试时须掌握的礼仪规范；
● 掌握求职面试时的礼仪与技巧。

能力目标

● 能够得体地参加求职面试；
● 能够在面试中展示自身良好的素质与修养。

素养目标

● 能够提升个人的礼仪素养；
● 能够养成正确的就业价值观。

能量小贴士

彬彬有礼的风度，主要是自我克制的表现。——爱迪生

小案例

案例一：

"推门"还是"拉门"？

（一）背景

这是一家当地颇有名气的新能源汽车公司的招聘现场，公司拟招聘一名客户部主管。报名应聘者有 40 多人，经过人事部的一番仔细筛选，有 3 名应聘者脱颖而出，进入了最后的面试。一个名叫江小慧的女孩子就在其中。

江小慧是大专毕业生，早在毕业之前她就听说，现在的就业形势十分严峻，在自己亲身经历这一切时，职场竞争之激烈仍然大大地出乎她的意料。

江小慧曾不止一次地前往为应届毕业生举办的招聘会，那种人头攒动、沸沸扬扬的场面至今想起来都令人生畏。这家新能源汽车公司的招聘信息是江小慧从网上得到的，令她欣慰的是，客户部经理这个职位不光与她所学的专业对口，也是她最感兴趣的。

（二）案例

虽然已从 40 多名应聘者中脱颖而出，而且自己各方面的条件都不错，但此刻江小慧对这次应聘并不抱多大希望。因为她从秘书那里得知，另外两名竞争者都是男性，光这一条就比自己具有优势，更何况他们学历都比自己高，其中一人还是研究生，从这方面讲自己也明显处于劣势。尽管感觉希望不大，但江小慧是个做事有始有终的姑娘，对这次面试她还是做了认真充分的准备。

面试开始时，秘书把三位应聘者领到会议室里，给每人沏了一杯茶，让他们在此等候通知。大约过了 10 分钟，秘书叫了江小慧的名字，通知她第一个去面试。她跟随秘书来到了面试室门前，秘书为她拉开了那扇镶嵌着磨砂玻璃的不锈钢弹簧门，江小慧尽量稳住劲儿，放松脚步走了进去。

因为此前对该公司有一些了解，又有充分的心理准备，江小慧内心很坦然，对主考官的提问对答如流。看到主考官不住地点头，江小慧明白，主考官对自己的表现很满意。

而面试结束后，主考官示意江小慧可以离开了，并说："请你顺便叫下一位应聘者进来吧。"

"好的。"江小慧一边向主考官道别，一边起身向门口走去。来至门前，她很自然地侧身拉开那扇弹簧门，走了出去。在另外两位应聘者面试的时间里，江小慧静静地坐在会议室的椅子上，边喝茶边等待。大约半小时后，另外两位应聘者也面试完毕，大概临场发挥得好，自我感觉不错，所以他们看上去都十分自信，一副胸有成竹的样子。因为早有心理准备，江小慧的心情很平静，她稳稳地坐在那里，静静地等待工作人员宣布面试的结果。江小慧已经想好，一旦落聘，自己决不气馁，立刻转向下一个目标。

大约 10 分钟后，人事部经理——那位主考官进来宣布了面试结果，令江小慧没有想到的是，她成为唯一的幸运者，被公司录用了。正当人事部经理与江小慧握手表示祝贺时，那个研究生把经理拉到了一边。显然，他对面试的结果十分不理解，江小慧凑巧听到了他们的对话。

"我的学历最高，又有一定的工作经验，我感觉自己的表现更出色，为什么聘的不是我？"

人事部经理笑了笑，说道："论实力，你也许比她强，可是你却忽略了一个细节。"

"细节？什么细节？"那位研究生满怀疑惑地问道。

"不知你是否注意到，我们公司的门都是弹簧门，也就是既可以推又可以拉的那种门。"

"是呀，我注意到了，这种门使用起来很方便。难道这和面试有什么关系吗？"

"当然有关系。"经理收起了笑容，变得严肃起来，"我们观察到，当你和另一位先生在面试结束走出房间时，都是理所当然地向外推门，只有这位女士是向里拉开门出去的。"

看到对方还是一脸的不解，人事部经理又进一步解释道："推门是顺着自己前进的方向，那样做比较省力，自己是方便了，但很有可能会碰撞到门外的人。向里面把门拉开，虽然自己麻烦一些，可方便的是门外的人。"说到这里，他偏过头看了看江小慧，意味深长地说："我们这次招聘的是客户部主管，需要应聘者具备时刻为客户着想的素质，我们看中的正是江女士无意之中所表现出来的这种素质。"

说到这里，人事部经理笑着轻轻拍了拍那位研究生的肩膀："我这样解释，你满意吗？"那位先生点了点头，有些遗憾地离去了。

直到这时江小慧才明白，为什么自己会战胜两位男士，成为唯一的胜出者。

案例二：

没有"试题"的面试

（一）背景

阳光公司要招聘一名客户接待员，因为"阳光"在当地是一家很有实力的企业，员工的工资高，福利也好，所以前来应聘的人很多。

经过初试、复试的激烈竞争，刘勇、李妍和王沁心3人脱颖而出成为优胜者。但三个人各有各的优点，人力资源部经理很难决定究竟录用哪一个。刘勇有过类似的工作经历，对招聘人员提出的问题回答得有条有理，头头是道；李妍虽然年轻，但具有大专学历，人又聪明伶俐，很会察言观色，作为客户接待员，这些都是有利条件；王沁心稳重大方，作风干练。既然三人都很优秀，人力资源部经理向领导汇报后决定两天后再设一轮面试，而这一次总经理将亲自对他们三人进行面试，以决定最终的录用人选。

（二）案例

两天的时间很快过去了，3位候选人都如约准时到了面试地点。3个人看上去都准备充分，信心十足。人力资源部经理对他们说："非常抱歉，我们还有些事情要研究，总经理请你们等一会儿，他马上就过来进行面试。"说着就把他们领进了接待室。临出门前，经理又回过头微笑着说："如果有电话，麻烦你们帮忙接一下。"说完就转身出去了。

刘勇、李妍和王沁心坐在办公桌前的椅子上静静地等着，这间办公室内正好有3张办公桌，每张桌上都有一部电话机。刘勇紧闭双目，专心地考虑着下面的面试细节，就在这时，他桌上的电话响了。刘勇拿起电话，只听到对方问道："你们是阳光公司吗？""不是，你打错了。"刘勇说罢就把电话挂断了。那边刚刚放下电话，李妍面前的电话又响了起来，李妍把听筒放到耳边，"喂"了一声，只听对方说道："你们是阳光公司吗？"李妍应了一句："是呀，你找谁？"没想到对方突然把电话挂断了。李妍边放电话边嘟囔了一句："神经病！"

没过一会儿，王沁心桌上的电话也响了起来。只见王沁心拿起电话，轻声地问道："您好，这里是阳光公司。请问您有什么事需要我们帮助？"对方说："我打算来选购你们公司的产品，请问到你们这里怎么走？"王沁心热情地回答了对方的问题，并真诚地说："我们随时欢迎您的光临。您来了我们会详细地向您介绍情况，并带您去实地参观挑选，一定会让您满意的。"最后双方在"谢谢""再见"声中挂断了电话。

王沁心放下电话没过几分钟，办公室的门被推开了，人力资源部经理走了进来。他微笑着说："今天的面试到此结束。"看着 3 位应聘者一脸惊讶的表情，经理又进一步解释道："其实，刚才你们 3 个人接听电话就是我们设计的考试题。王沁心女士热情礼貌，对待客户的真诚态度符合我们招聘的要求，得到了招聘小组的一致认可，我们经研究决定录用王沁心女士为我们公司的客户接待员。"接着他就向王沁心伸出手说："恭喜你被公司聘用了。"

直到这时，大家才如梦方醒，原来这是一场没有试题的面试。

 思考

从以上两场面试的案例中你学到了什么？

知识准备

一、面试过程中的礼仪

求职面试礼仪

1. 提前到达

为表示诚实守信，参加面试时，一定要按照事先约定的时间准时到达，一般提前 10～15 分钟。一旦不能及时到达，至少提前一个小时与应聘单位联系。

2. 安静等候

在面试等候区耐心等候，不要东张西望，坐立不安。在等候的这段时间里，你可以适当调整一下自己的心态，做好最后的面试准备。

3. 从容入场

进入面试场室时应放轻松。不论场室的门是否开着，都应先敲门，等室内的人同意后才能进入。进门后，侧身将门轻轻关好。进门后要问好。应聘者应首先以亲切、自然的语调向对方打招呼："您好！""早上好！"

4. 非请勿坐

打完招呼后，如果对方说"请坐"，则应该目视对方，微笑着说"谢谢"，然后再走向指定的位置，轻轻落座。切勿不经同意就随便乱坐。不管是站是坐，都要注意应有的仪态。

5. 举止得当

在面试中，有的面试官会特别注意你的细微动作。因此求职者在与面试官交流的过程中应注意行为举止、语言表达，使用符合应聘者身份的恰当、得体的语言和动作。平时紧张就会不自觉做一些抖腿、掏耳朵等小动作的人需要格外注意。

6. 保持微笑

微笑是人与人沟通的桥梁，具有打动人心的力量。面试过程中用你亲切自然、充满魅力的微笑打动对方吧！

7. 学会倾听，从容应答

面试是一个双向互动的过程，也是展示求职者良好素养的平台。面试时考官说话时应平视对方、仔细聆听，听清楚对方的问题后，简洁、清晰、充满自信地回答，并能抓住要点，不节外生枝，不答非所问。聆听时可在适当的时候微笑点头进行互动，对自己不明白的问题也可适当提问。但要注意提问的时间，不要随意打断对方讲话。

一般说来，面谈中的回答可能或是介绍自己的一些基本情况，或是谈谈对公司前景的看法、建议等，所以，中等语速就可以，用不着太过激动。另外，还要注意使你的表情、眼神、动作等非语言信息与语言表达的意思一致。因为，当语言和非语言信息表达的意思不一致时，对方更倾向于相信你的非语言信息。

二、面试中的应答技巧

在面试中，当面试官提出问题后，面试者需要赶快反应，思考对方提这个问题的目的是什么，如何回答这个问题更能让对方满意。因为对同样一个问题，不同的回答会产生不同的效果。所以，作为求职者应该掌握一些回答问题的技巧。

1. 具体举例

在面试官问问题的时候，只回答一些抽象平凡的语句，往往会使对方感到单调、乏味，很难对你产生深刻的印象；而如果你在抽象的概括之后，能举事例来说明你所具有的能力、素质，或你的优缺点等，就会使自己变成一个"个性突出""富有情趣""充满活力"的人，招聘者就会对你留下很深的印象。

例如，问：你觉得你有什么优点？

答：我做事很有计划性，我的信条是一句话：要么做计划，要么就失败。每天我的第一件事就是列计划，把当天要做的事情分为两类：必须完成的，最好能完成的。我去超市购物之前一定会先列购物清单，所以我逛超市的效率会很高，因为我知道我的目标在哪里。职业发展方面我也有明确的计划，我的大学专业选择了市场营销，所以课余我会尽量去做一些与专业相关的兼职，积累工作经验。

2. 扬长避短

在应聘中对方问到答案可能对自己不利的问题，可以采用扬长避短的方法来回答。

大学刚毕业的学生，一般都会在工作经验上有所欠缺，那么在面试官问及相关问题的时候就可以谈一下在校参加的一些社团活动或兼职工作。当然这些活动与所求职业可能不是完全一致，那么我们在列举自己参加的活动之后，应该重点总结自己从中增长的见识和增强的能力。

3. 变弊为利

有的面试官问的问题会比较直接，如："请说说你有什么缺点。"如果遇上这类问题不要慌，更不要傻乎乎地就把自己说得一无是处，聪明的求职者也可以将这貌似于己不利的问题转变为介绍自己的优点，如："我最大的缺点就是我有点固执，我总有我自己的想法，只有当我碰壁的时候我才会考虑别人给我的建议，但是就是因为我的这份固执，这份执着，才让我锻炼了我坚强的意志，不屈不挠的性格。"即使说到自己犯过的错误，也应该在讲述完之后加上自己的感悟和收获，如：被问到"你经历过最大的失败是什么？"的时候可以这样回答："我以前太过自信结果导致自己慢慢变成了自负，觉得自己很聪明，结果聪明反被聪明误。记得上中学的时候，期末考试前大家都在紧张的复习中，我觉得自己掌握得很好，就按照自己的方法进行复习，忽略了老师所讲的重点，考试成绩亮起了红灯，这给了我重重的一击，它启示我听从有经验的人的指点会让自己少走很多弯路。"

4. 诚实坦率

有的求职者求职心切，在填写申请表、简历时，往往夸大其词，自我吹嘘。其实这是很愚蠢的。因为有经验的面试官一眼就能看穿，并在面试时会针对疑点，不断追问。所以在不管是填写求职资料还是回答面试官的问题时，都应该如实回答。

三、面试中的禁忌

（1）迟到。

（2）衣着太过随意。

（3）抖腿、挠头、掏鼻、抠耳朵等不雅观的小动作。

（4）讲话时手舞足蹈，指手画脚。

（5）打断面试官的讲话。

（6）吹嘘自己，贬低他人。

（7）不懂装懂。

（8）与面试官交流时没有眼神接触。

四、面试时常见问题

（1）你为什么想来我们公司？

（2）你有什么优点？

（3）你为什么选择你目前学习的专业？

（4）你有过与别人合作的经历吗？

（5）说说你的缺点，可以吗？

（6）如果我们录用你，请谈谈你接下来的规划。

（7）如果上司给你一下子布置了多个任务，你该怎么处理呢？

（8）你有什么问题想要问我们的吗？

（9）谈谈你的上一份工作/谈谈你在学校的表现。

（10）你对薪资有什么要求吗？

五、面试后的礼仪

1. 适时结束

面试官宣布面试结束后，无论你是否还有话要补充或有问题要问，这时都不应该再继续了，如果确实还有其他问题，可事后通过恰当方式沟通。

2. 出门有礼

首先，正式面试时，常见的礼节是点头微笑致意。所以，不管是刚进入面试场室，还是面试官宣布面试结束后，作为应聘者都不应主动伸手与对方握手，而应采用微笑、点头等形式，向对方表示尊敬和友好。其次，不管面试结果如何，求职者都应真诚地向对方说一声"谢谢"，然后轻轻起立，将坐过的椅子扶正，走到门口时再次回头说声"再见"，并轻轻把门关好。即使感觉到这次面试成功无望，也不能破罐子破摔，扬长而去，让对方对你的印象跌到谷底。

3. 有效跟进

面试结束后，求职者可以通过电子邮件、电话或微信等方式与招聘方工作人员确认面试录用结果，一方面这样可以展现自己的负责心与想要去该公司就职的积极态度，另一方面也可以让对方对你的印象更加深刻，让自己的个人形象变得更清晰，但是询问时要注意言简意赅，注意时间，一般在面试后一两天询问即可，不可操之过急。

李华："您好！请问人事部张经理在吗？"

张经理："我就是。请问你是哪位？"

李华："张经理，您好！我是5月26日下午到贵公司面试销售职位的李华。非常感谢您给我这次面试机会，给您添麻烦了。我也真诚希望以后能有更多的机会向您请教。……张经理，我就不再耽误您的宝贵时间了，再次感谢！再见！"

此时，张经理正在对那天的几位面试者进行最后的比较和权衡，接了李华的电话，一下子就想起这就是那天的第三位面试者，虽然刚刚从高职院校毕业，学历和实际工作经验有些欠缺，但给人的感觉却还不错……于是，张经理决定就录用她了。

思考

（1）请分析张经理接听李华电话前后的心理变化过程。

（2）评估李华面试后这个查询电话产生的作用。

六、试用期内的工作注意事项

（1）如果有些你关心的问题，在面试中你没好意思问清楚，在试用前，必须向有关人员询问。比如你的报酬（试工期和录用期的）、待遇、具体的工作部门和工作内容等。

（2）详细了解单位有关的规章制度和纪律要求，不要等自己因为不了解而违反了某项制度再由领导来申明。

（3）坦率地向直接领导讲明自己必须说明的情况，以免出现问题，造成误解。

（4）尽快进入角色，尽早熟悉工作，尽量减少因为自己生疏和不熟练造成的工作不顺利。

（5）新来的员工常是在工作环境中被人注视的目标，一定保持沉稳，避免热情过度，做事适可而止，注意观察体会工作环境和氛围。

（6）试用应当说是对双方而言的。所以在试用中还要仔细品味自己是否适合这份工作，对自己来说，这个供职单位是否有发展前途；这份工作是否有发展前途。

（7）适当的时候，向自己的直接领导表达自己对这份工作的满意，表明自己希望被录用的意愿。如果你不是这样的感觉，就更要及时表示。

任务实施卡

学习任务工单				
项目	项目八　求职面试礼仪	任务	8.2　掌握面试中的礼仪	
知识目标	1. 了解求职面试时须掌握的礼仪规范； 2. 掌握求职面试时的礼仪与技巧。	能力目标	1. 能够得体地参加求职面试； 2. 能够在面试中展示自身良好的素质与修养。	素养目标
				1. 能够提升个人的礼仪素养； 2. 能够养成正确的就业价值观。

任务要求	模拟面试： 以小组为单位（4～6 人）根据自己的专业模拟一次招聘，自行设计 1～2 个岗位并设置相应的招聘条件、面试环节及问题。然后与其他小组相互交替面试。 面试问题参考： 1. 请你介绍一下自己。 2. 你是本地学生吗？父母是从事什么工作的？ 3. 你为参加本次面试，都做了哪些准备？ 4. 碰到不好沟通的同事，她非常不配合你，你会怎么办？ 5. 你对工作时间以外的超时工作怎么看？ 6. 你认为自己的能力中具有竞争力的是什么？ 7. 你最好的朋友吸引你的三个最重要的品质是什么？ 8. 在学校里，你的老师和同学是如何评价你的？ 9. 你了解我们公司吗？你知道我们公司的企业文化是什么？ 10. 你对薪资待遇有什么要求？
任务实施记录	
任务考核评价	1. 面试官须对每位面试者进行点评打分； 2. 每个小组最终必须录用一位应聘者，并说明原因。
	评价标准： 1. 语言清晰、流畅，音量适中，语气充满自信。20% 2. 通过沟通让大家记住你的优点、特长。30% 3. 语言表达思路清晰，重点突出，态度诚恳。30% 4. 体态自信、大方。10% 5. 语言有吸引力。10%

知 识进阶

1. 案例分析：杨扬与秦佳慧的华丽变身

（一）背景

杨扬是上海某名牌大学的高才生，在校期间成绩十分优异，然而毕业以后就一直处于"待业"的状态，这让他一度感到很郁闷和不解：自己能力出众，又有着较高的学历背景，但为什么就没有一家公司"识货"呢？

秦佳慧，女，名牌大学国贸专业一个非常优秀的准毕业生，正在积极准备求职。个人形象：一个清纯可爱的"美羊羊"！齐齐的刘海，不用化妆就楚楚动人！声音同样犹如"美羊羊"，婉转中透出娇嫩。然而每次参加面试时，秦佳慧却总是"死"得不明不白。

（二）案例

杨扬的得体着装

每次应聘杨扬的求职信和简历都能得到对方的认可，可总是"死"在求职最关键的环节——面试上。每次面试结束时，面试官都让他回家等待回复。当杨扬看到面试官对自己冷淡的眼神时，他就知道这次求职又失败了。

看到比自己能力差很多的同学都找到了令人满意的工作，而自己至今还是个无业游民，杨扬不禁感到既羞愧，又沮丧。

杨扬认为，自己的专业技能掌握得十分娴熟，所以不可能是能力的问题，然而问题究竟出在哪里？他隐隐觉得问题的症结应该在面试的环节上，但是又理不清头绪。

于是他到图书馆借阅了几本求职方面的书，忽然间他豁然开朗，终于找到了答案：杨扬是一个追求时尚的人。在大学期间，他的穿着总是标新立异，潮范十足，毕业以后也一直保持着这种时尚装扮，面试亦不例外，而就是这个原因使得他的求职屡遭失败！

想明白了这一点后，杨扬迅速联系了一家不错的用人单位，将自己的求职信和简历递交给了对方，并且很快就收到了对方的面试邀请，然后他按照求职类图书中给出的建议，对自己进行了全新的"包装"，彻底改变了自己以往的形象风格。

他是如何包装自己的呢？他为自己挑选了一套西装，然后将自己的长发剪短，杂乱无章的胡须也剃刮干净，以一个成熟稳重的形象去迎接面试，最终的结果不用说，他成功入职那家公司，并且在很短的时间内凭借自己出色的能力得到了公司的肯定和嘉奖。

"美羊羊"秦佳慧的变身

秦佳慧每次的面试过程都像春天般温暖，面试官无论男女，都对秦佳慧表现出大哥大姐甚至是大叔大婶般的关爱。可是，她的面试结果却总如冬天般残酷！当秦佳慧泪眼婆娑地倾诉自己的烦恼时，她的老师把她拉到一面大镜子前面，问她："镜子里这个人，你想让她像战士一样帮你干活，还是想让她像婴孩一样受到照顾？"聪明的秦佳慧立刻明白了自己的问题所在，她"美羊羊"的形象足以毁掉任何一次面试！设想一下，如果你的助理看上去娇滴滴的，你忍心让她忙得脚不沾地吗？

此次谈话的两个月后，秦佳慧再一次出现在面试现场，如果不是熟识她的人，绝对认不出这就是当初的"美羊羊"！干练中带着妩媚的职业装，长发盘成一个发髻缀在脑后，玫瑰色的嘴唇，珍珠耳钉，一眼看去绝对会让人以为这是哪个刚从中信广场下班的白领丽人。秦佳慧的形象大转折给她转来了好运气，她先后接到了好几家公司抛出的橄榄枝，并最终选择了一家知名企业做市场推广专员。秦佳慧的案例非常典型，大学生偏好走清纯路线，但是职场更加喜欢成熟的求职者，因为清纯意味着幼稚和需要受到照顾，而成熟则意味着照顾别人。所以说，大学的女孩子们，准备好你们的职业装了吗？

2. 请结合个人情况，填写个人简历

姓　　名		性　　别		
民　　族		籍　　贯		
出生日期		婚姻状况		
专　　业		毕业院校		
政治面貌		身体情况		
联系电话		身份证号码		
语言能力		计算机能力		
教育历程				
奖惩情况				
社会实践				
校内实践				
兴趣爱好				
证　　书				
自我评价				

参 考 文 献

[1] 吴蕴慧. 现代礼仪实训［M］. 镇江：江苏大学出版社，2014.

[2] 杜明汉，刘巧兰. 商务礼仪——理论、实务、案例、实训［M］. 北京：高
等教育出版社，2014.

[3] 谢丽英. 基础礼仪教程［M］. 长春：吉林人民出版社，2011.

[4] 张丽娟，单浩杰. 现代社交礼仪［M］. 北京：清华大学出版社，北京交通
大学出版社，2017.

[5] 侯振梅，李德正，庞中燕. 新编现代礼仪实用教程［M］. 长春：东北师范
大学出版社，2015.

[6] 金正昆. 社交礼仪教程［M］. 北京：中国人民大学出版社，2017.

[7] 斯静亚. 职场礼仪与沟通［M］. 3 版. 北京：高等教育出版社，2022.

[8] 孙金明. 商务礼仪实务［M］. 2 版. 北京：人民邮电出版社，2018.

[9] 张晓丹，何代忠，杨立升，等. 大学生就业指导案例汇编［M］. 北京：清
华大学出版社，2010.

[10] 王光宏. 找工作你不知道的那些事［M］. 北京：中国经济出版社，2013.

[11] 杨萃先，张有明，方泓楷，等. 这些道理没有人告诉过你［M］. 北京：北京
联合出版公司，2012.